高职高专建筑工程专业系列教材

砌 体 结 构

（第 四 版）

施楚贤　主编

中国建筑工业出版社

图书在版编目（CIP）数据

砌体结构/施楚贤主编 . —4 版 . —北京：中国建筑工业出版
社，2004
（高职高专建筑工程专业系列教材）
ISBN 978-7-112-06283-6

Ⅰ . 砌 … Ⅱ . 施… Ⅲ . 砌块结构-高等学校：技术学校-教材
Ⅳ . TU36

中国版本图书馆 CIP 数据核字（2003）第 126968 号

高职高专建筑工程专业系列教材
砌 体 结 构
（第四版）
施楚贤　主编

*

中国建筑工业出版社出版、发行(北京西郊百万庄)
各地新华书店、建筑书店经销
化学工业出版社印刷厂印刷

*

开本：787×1092 毫米　1/16　印张：10¼　字数：250 千字
2004 年 2 月第四版　　2011 年 7 月第二十次印刷
定价：**18. 00** 元
ISBN 978-7-112-06283-6
（20858）

本教材系根据高职高专建筑工程专业"砌体结构"课程要求，并按我国新颁布的《砌体结构设计规范》（GB 50003—2001）编写。全书内容包括：砌体结构的发展及材料性能，无筋砌体结构构件的承载力，混合结构房屋墙体设计，墙梁、挑梁、过梁的设计，配筋砌体结构设计及砌体结构房屋的抗震设计。

本教材是在第三版的基础上修订而成的，全书内容、质量有进一步的完善和提高。

本教材既可作为高职高专建筑工程专业教材，又可作为土木工程技术人员的参考书。

*　*　*

责任编辑：朱首明　吉万旺
责任设计：崔兰萍
责任校对：王　莉

前　　言

　　本教材系根据高职高专建筑工程专业的培养目标和"砌体结构"课程教学大纲编写。保持了原《砌体结构》（第三版）内容精练、叙理清楚和实用的特点，并根据我国近几年来在砌体结构理论、设计和应用方面的新成果、新经验，对原书内容作了进一步的修改和补充。

　　本教材重点阐述现代砌体结构的基本理论，比较详细地介绍了我国新颁布的《砌体结构设计规范》（GB 50003—2001）的有关设计方法。全书内容分：砌体结构的发展及材料性能，无筋砌体结构构件的承载力，混合结构房屋墙体设计，墙梁、挑梁、过梁的设计，配筋砌体结构设计及砌体结构房屋的抗震设计。为有利于学生的学习和扩大知识面，书中还适当地介绍了国外的有关研究和应用成果，每章之后附有较多的思考题与习题。为了学以致用，书中例题较多，可供教学时选择与参考。

　　本书第一章、第二章第一节、第五章和第六章由湖南大学施楚贤编著，第二章第二～五节、第三章和第四章由湖南大学刘桂秋编著。全书由施楚贤主编。

　　因作者水平有限，书中错误和欠妥之处，恳请读者批评指正。

编著者

2003 年 12 月

目 录

第一章 砌体结构的发展及材料性能 ……………………………………… 1

　第一节 砌体结构的发展概况 …………………………………………… 1

　第二节 砌体材料 ………………………………………………………… 4

　第三节 砌体的受压性能 ………………………………………………… 7

　第四节 砌体的受剪性能 ………………………………………………… 15

　第五节 砌体的受拉和受弯性能 ………………………………………… 19

　第六节 砌体的变形性能 ………………………………………………… 20

　思考题与习题 …………………………………………………………… 24

第二章 无筋砌体结构构件的承载力 ……………………………………… 25

　第一节 砌体结构的可靠度设计方法 …………………………………… 25

　第二节 无筋砌体受压构件承载力计算 ………………………………… 30

　第三节 无筋砌体局部受压承载力计算 ………………………………… 40

　第四节 无筋砌体受剪构件承载力计算 ………………………………… 49

　第五节 无筋砌体受拉、受弯构件承载力计算 ………………………… 52

　思考题与习题 …………………………………………………………… 53

第三章 混合结构房屋墙体设计 …………………………………………… 55

　第一节 墙体结构布置 …………………………………………………… 55

　第二节 墙、柱内力分析 ………………………………………………… 56

　第三节 墙体构造要求 …………………………………………………… 60

　第四节 刚性方案房屋墙、柱计算 ……………………………………… 72

　第五节 弹性与刚弹性方案房屋墙、柱计算 …………………………… 78

　第六节 墙、柱基础计算 ………………………………………………… 80

　思考题与习题 …………………………………………………………… 84

第四章 墙梁、挑梁、过梁的设计 ………………………………………… 85

　第一节 墙梁设计 ………………………………………………………… 85

　第二节 挑梁设计 ………………………………………………………… 98

　第三节 过梁设计 ………………………………………………………… 104

　思考题与习题 …………………………………………………………… 109

第五章 配筋砌体结构设计 ………………………………………………… 110

　第一节 网状配筋砖砌体构件的受压承载力 …………………………… 110

　第二节 砖砌体和钢筋混凝土面层或钢筋砂浆面层的组合

　　　　　砌体构件的受压承载力 ……………………………………… 114

　第三节 砖砌体和钢筋混凝土构造柱组合墙的受压承载力 …………… 119

第四节　配筋混凝土砌块砌体剪力墙的承载力 ································ 121

第五节　配筋砖砌体结构的构造要求 ································ 129

第六节　配筋混凝土砌块砌体剪力墙的构造要求 ································ 130

思考题与习题 ································ 134

第六章　砌体结构房屋的抗震设计 ································ 135

第一节　房屋抗震设计的基本规定 ································ 136

第二节　多层砌体结构房屋的抗震验算 ································ 139

第三节　配筋混凝土砌块砌体剪力墙房屋的抗震验算 ································ 143

第四节　多层砌体结构房屋的抗震构造措施 ································ 144

第五节　配筋混凝土砌块砌体剪力墙房屋的抗震构造措施 ································ 149

思考题与习题 ································ 157

参考文献 ································ 158

第一章　砌体结构的发展及材料性能

第一节　砌体结构的发展概况

由砖砌体、石砌体或砌块砌体建造的结构，称为砌体结构。它是土木工程中一种主要的建筑材料和承重结构。

石材是被人类最早认识和利用的天然材料之一。我国殷商时期的建筑遗址中，已发现有石质柱基的应用。秦汉以后，石结构得到很大发展，许多石墓室、石窟寺、石塔、石桥等保留至今。公元前 27～前 26 世纪，在现开罗近郊的吉萨建造了 3 座大金字塔（图 1-1）采用石块建成，且都是精确的正方锥体。其中古埃及第四王朝法老胡夫的金字塔最大，高 146.6m，底边长 230.6m。公元 70～82 年用石块建成的罗马大斗兽场，平面为椭圆形，长轴 189m，短轴 156.4m，总高 48.5m，共四层。我国隋朝名匠李春于公元 595～605 年建造的赵州桥（位于今河北省赵县），净跨 37.02m，是世界上著名的单孔空腹式石拱桥。

图 1-1　金字塔

人们对砖用作建筑材料，往往以"秦砖汉瓦"来形容它的历史悠久，事实上早在周朝已有关于砖的记载。考古发掘中已发现战国晚期的砖结构实物，自南北朝开始地上砖结构逐渐增多。长城是举世最宏伟的土木工程之一（图 1-2），据记载它始建于公元前 7 世纪春秋时期的楚国，在秦代用乱石和土将秦、燕、赵城墙连成一体并增筑新的城墙，长达 1 万余里。明代长城为 12700 余里，其部分地段采用整齐的条石和特制的城砖砌成。战国时期（公元前 475～前 221 年）已能烧制大尺寸空心砖。图 1-3 所示嵩岳寺塔，建于公元 523 年，平面为十二边形，总高 43.5m，共 15 层，是我国最古老的密檐式砖塔。中世纪在欧洲用砖砌筑的拱、券、穹窿和圆顶等结构有很大发展。公元 532～537 年建于君士坦丁堡的圣

图 1-2　万里长城　　　　　　　　　　　图 1-3　嵩岳寺塔

索菲亚大教堂，为大跨砖结构。

砌块中混凝土砌块应用最早（1882 年问世），砌块的生产和应用仅百余年的历史。

20 世纪上半叶，我国砌体结构的发展缓慢。中华人民共和国成立以来，砌体结构得到快速发展，取得了显著的进步。我国已从过去用砖、石砌体建造低矮的民房，发展到现在建造大量的多层住宅、办公楼等民用建筑以及中、小型工业建筑和构筑物，还在地震区建造砌体结构房屋方面积累了丰富的经验。20 世纪 90 年代以来，在吸收和消化国外配筋砌体结构成果的基础上，建立了具有我国特点的配筋混凝土砌块砌体剪力墙结构体系，大大拓宽了砌体结构在高层房屋及在抗震设防地区的应用，图 1-4（a）为 1997 年建成的辽宁盘锦国税局 15 层住宅，图 1-4（b）为 1998 年建成的上海园南四街坊 18 层住宅。早在 20 世纪 60 年代末，我国已进行墙体材料革新。"九五"期间是我国墙体材料革新的第三个重要发展阶段，2000 年新型墙体材料已占墙体材料总量的 20%，超过"九五"计划的目标达 20% 之多，我国新型墙体材料的生产和应用迈上了一个新的台阶。20 世纪 60 年代以来，我国在砌体结构的试验研究、理论分析和设计方法方面取得了重大成绩，逐步形成了具有我国特点、比较先进的砌体结构理论和设计方法。1973 年制订了我国第一部《砖石结构设计规范》（GBJ 3—73）。自 20 世纪 80 年代至今，砌体结构采用以概率理论为基础的极限状态设计法，新颁布的《砌体结构设计规范》（GB 50003—2001）使我国砌体结构的理论体系和应用体系更为完整、充实。

就国际上的情况而言，前苏联是世界上最先较系统地建立砌体结构基础理论和设计方法的国家。20 世纪 60 年代以来，欧美等地许多国家加强了对砌体材料的研究和生产，在

(a)   (b)

图 1-4　采用配筋混凝土砌块砌体剪力墙的高层住宅

砌体结构理论、设计方法以及应用上也取得了许多成果，推动了砌体结构的发展。国外不少国家砌体材料的强度高，砖的空心率较大，如砖的抗压强度一般达 30～60MPa，且能生产强度高于 100MPa 的砖。有的国家空心砖的产量占砖总产量的 80%～90%，空心率达 60%。世界上发达国家 20 世纪 60 年代已完成了从实心黏土砖向各种轻板、高效能墙材的转变，形成以新型墙体材料为主、传统墙体材料为辅的产品结构，走上现代化、产业化和绿色化的发展道路。由于砌体材料强度高，性能改善，国外采用砌体作承重墙建造了许多高层建筑，在瑞士这种房屋一般可达 20 层（图 1-5）。美国总结了 1931 年新西兰那匹尔大地震和 1933 年美国加里福尼亚长滩大地震中无筋砌体受到严重震害的经验，在世界上首先推出配筋混凝土砌块砌体剪力墙结构体系，已建成许多高层建筑，图 1-6 为 1990 年在拉斯维加斯建成的 28 层的大酒店。不少国家正在改变长期沿用的按弹性理论的允许应力设计法的传统，积极采用极限状态设计法及近似概率设计法。国际建筑研究与文献委员会承重墙工作委员会（CIB·W23）于 1987 年提出了《无筋和配筋砌体结构的设计与施工国际建议》。国际标准化组织于 1981 年成立砌体结构技术委员会（ISO/TC 179），下设无筋砌体（SCI）、配筋砌体（SC2）和试验方法（SC3）三个分技术委员会。我国被推选担任 ISO/TC 179/SC2 的秘书国，主持编制了《配筋砌体结构设计规范》（ISO 9652—3，2000），由英国担任秘书国主持编制了《砌体试验方法》（ISO 9652—4，2000）。

图 1-5　采用砌体承重墙建于瑞士的高层房屋

图 1-6　采用配筋混凝土砌块砌体剪力墙建于美国的高层房屋

1967 年由美国国家科学基金会和美国结构黏土制品协会发起，在美国举行了第一届国际砖砌体结构会议，以后形成惯例，每三年分别由不同国家举办一次国际砌体结构会议，1997 年在我国召开了第 11 届国际砌体结构会议。

纵观历史，砌体结构在不断发展，尤其是 20 世纪 60 年代以来，砌体材料、砌体结构理论与设计及其应用取得了显著的成绩，砌体结构是一种世界上受重视和发展的工程结构体系。

现代砌体结构的主要特点是：采用节能、环保、轻质、高强且品种多样的砌体材料；工程上有较广的应用领域，在中高层建筑结构中有较强的竞争力；具有先进、高效的建造技术，为舒适的居住和使用环境创造良好的条件。今后应努力发展新材料，加强对轻质、高强砖和砌块以及高粘结强度砂浆的研究和应用；加强对砌体结构尤其是配筋砌体结构的破坏机理、受力性能及其应用的研究；提高砌体结构施工技术和工业化水平。"十五"期间，我国人均占有耕地不足 0.8 亩（533m²）的城市和省会城市要全部禁止使用实心黏土砖，新型墙体材料占墙体材料总量的比重达到 40%。坚持以节能、节地、利废、保护环境和改善建筑功能为发展方针，以提高生产技术水平、加强产品配套和应用为重点，积极发展功能好、效益佳的各种新型墙体材料和砌体结构是历史赋予我们的重任。

第二节　砌　体　材　料

砌体是由块体和砂浆砌筑而成的整体材料，它分为无筋砌体和配筋砌体两大类。配有钢筋或钢筋混凝土的砌体称为配筋砌体。常用的无筋砌体有砖砌体、砌块砌体和石砌体，常用的配筋砌体有网状配筋砖砌体、组合砖砌体和配筋混凝土砌块砌体。因此，砌体材料有砖、砌块、石材、砂浆（包括混凝土砌块砌筑砂浆）、混凝土（包括混凝土砌块灌孔混凝土）和钢筋。

一、砖

它有烧结普通砖、烧结多孔砖和非烧结硅酸盐砖，常简称为砖。

1. 烧结普通砖

以黏土、页岩、煤矸石、粉煤灰为主要原料经焙烧而成的普通砖，称为烧结普通砖。按我国墙体材料革新的要求，烧结普通黏土砖已被列入限时、限地禁止使用的墙体材料。烧结普通砖的外形尺寸为 240mm × 115mm × 53mm。根据砖的抗压强度，其强度等级有 MU30、MU25、MU20、MU15 和 MU10（MU 表示 Masonry Unit）。

2. 烧结多孔砖

以黏土、页岩、煤矸石、粉煤灰为主要原料经焙烧而成主要用于承重部位的多孔砖，称为烧结多孔砖。这种砖孔的尺寸小、数量多，孔洞率应大于或等于 25%。按我国墙体材料革新的要求，烧结黏土多孔砖属过渡性的墙体材料（我国有的城市已禁止使用）。烧结多孔砖的外形尺寸有 240mm × 115mm × 90mm、190mm × 190mm × 90m 等多种。根据砖的抗压强度，其强度等级有 MU30、MU25、MU20、MU15 和 MU10。

3. 蒸压灰砂砖和蒸压粉煤灰砖

以石灰和天然砂为主要原料，经高压釜蒸压养护而成的砖，称为蒸压灰砂砖，以粉煤灰和石灰为主要原料，经高压或常压蒸汽养护而成的砖，称为蒸压粉煤灰砖。它们均属硅酸盐制品。生产和推广应用这类砖不需黏土，且可大量利用工业废料，减少环境污染。蒸压灰砂砖和蒸压粉煤灰砖的外形尺寸与上述烧结砖的相同，强度等级有 MU25、MU20、MU15 和 MU10。确定蒸压粉煤灰砖（包括掺有粉煤灰15%以上的混凝土砌块）的强度等级时，应考虑碳化影响，其抗压强度应乘以自然碳化系数，当无自然碳化系数时，应取人工碳化系数的 1.15 倍。

二、砌块

承重用的砌块主要有普通混凝土小型空心砌块和轻集料（骨料）混凝土小型空心砌块，是替代烧结普通黏土砖的主推承重块体材料。其主规格外形尺寸为 390mm × 190mm × 90mm。

1. 普通混凝土小型空心砌块

普通混凝土小型空心砌块的空心率不小于 25%，通常为 45% ~ 50%。其强度等级有 MU20、MU15、MU10、MU7.5、MU5 和 MU3.5。

2. 轻集料混凝土小型空心砌块

轻集料混凝土小型空心砌块的密度等级有 500、600、700、800、900、1000、1200 和 1400（kg/m³），砌块孔的排数有单排孔、双排孔、三排孔和四排孔，随着孔的排数的增多，其热工性能、隔声性能有明显的提高。砌块强度等级有 MU10、MU7.5、MU5、MU3.5、MU2.5 和 MU1.5。

三、石材

石材主要来源于重质岩石和轻质岩石，在产石地区充分利用这一天然资源比较经济，但石砌体中应选用无明显风化的石材。石材按其加工后的外形规则程度，分为料石和毛石。料石中又分有细料石、半细料石、粗料石和毛料石。毛石的形状不规则，但要求其中部厚度不小于 200mm。石材的强度等级有 MU100、MU80、MU60、MU50、MU40、MU30 和 MU20。

四、砌筑砂浆

将砖、石、砌块等粘结成为砌体的砂浆，称为砌筑砂浆，它由胶结料、细集料、掺加料和水配制而成。常用的砌筑砂浆有水泥混合砂浆和水泥砂浆。根据砂浆试块的抗压强度，砌筑砂浆的强度等级有 M15、M10、M7.5、M5 和 M2.5（M 表示 Mortar）。工程上由于块体的种类多，确定砂浆强度等级时应采用同类块体为砂浆强度试块底模。如对于蒸压灰砂砖、蒸压粉煤灰砖砌体，应采用相应的蒸压灰砂砖或蒸压粉煤灰砖作砂浆试块的底模。若采用黏土砖作底模，其砂浆强度提高，导致砌体抗压强度约提高 10%，与实际砌体的抗压强度不符。对于多孔砖砌体，则应采用同类多孔砖侧面作砂浆强度试块的底模。

为改善砂浆的和易性，可采用石灰膏、电石膏、粉煤灰、黏土膏等无机掺加料。砌筑砂浆中掺入砂浆外加剂进一步改进了砂浆的物理、力学性能，是发展方向，如掺入有机塑化剂、早强剂、缓凝剂、防冻剂等。但由于它们的产品很多，产品的性能存在差异，为确保砌体的质量，应对这些外加剂进行检验和试配，符合要求后再使用。采用有机塑化剂（如以微沫剂替代石灰膏制作水泥混合砂浆），应有其砌体强度的形式检验（即砌体抗压、抗剪强度等试验）报告。

砌体施工中很易产生砂浆强度低于设计规定的强度等级，所产生的工程事故有时十分严重，应予高度重视。施工中尤其应注意复验水泥的强度和安定性，不同品种的水泥不得混合使用，砂浆的各组分材料应采用重量计算，且应采用机械搅拌。这些都是使砂浆达到设计强度等级和减少砂浆强度离散性大的重要措施。

对于混凝土小型空心砌块砌体，应采用专用砂浆砌筑，即采用混凝土小型空心砌块砌筑砂浆。它由水泥、砂、水以及根据需要掺入的掺合料和外加剂等组分，按一定比例，采用机械拌合制成。与上述传统的砌筑砂浆相比较，其和易性好、粘结强度高，可使砌体灰缝饱满，整体性好，减少墙体开裂和渗漏，提高砌块建筑质量。混凝土小型空心砌块砌筑砂浆的强度等级用 Mb 标记（b 表示 block），以区别于上述一般砌筑砂浆，强度等级有 Mb30、Mb25、Mb20、Mb15、Mb10、Mb7.5 和 Mb5，但其抗压强度与相应的一般砌筑砂浆的抗压强度相等，如 Mb15 和 M15、Mb10 和 M10 的抗压强度相等。

五、混凝土、钢筋

砌体结构中采用的混凝土和钢筋的强度等级及强度指标，可查阅《混凝土结构设计规范》（GB 50010—2002）。混凝土小型空心砌块砌体需灌孔时，应采用专用的混凝土，即采用混凝土小型空心砌块灌孔混凝土。它由水泥、集料、水以及根据需要掺入的掺合料和外加剂等组合，按一定的比例，采用机械搅拌制成，用于浇筑混凝土小型空心砌块砌体的芯柱或其他需要填实部位的孔洞。它是一种高流动性和低收缩的细石混凝土，使砌块建筑的整体工作性能、抗震性能及承受局部荷载的能力等有明显的改善和提高。混凝土小型空心砌块灌孔混凝土的强度等级有 Cb40、Cb35、Cb30、Cb25 和 Cb20，但其抗压强度相应于 C40、C35、C30、C25 和 C20 混凝土的抗压强度指标。

六、砌体材料的选择

砌体结构所用材料，应符合因地制宜、就地取材的原则，贯彻执行国家墙体材料革新政策，确保砌体在长期使用过程中具有足够的承载力、正常使用的功能和耐久性，还应做到经济、合理。在具体的设计中，砌体结构所用材料的最低强度等级，应符合下列要求。

（1）五层及五层以上房屋的墙，以及受振动或层高大于 6m 的墙、柱所用材料的最低强度等级：砖 MU10、砌块 MU7.5、石材 MU30、砌筑砂浆 M5。对安全等级为一级或设计使用年限大于 50 年的房屋，墙、柱所用材料的最低强度等级，应比上述规定至少提高一级。

（2）地面以下或防潮层以下的砌体，潮湿房间墙，所用材料的最低强度等级应符合表 1-1 的要求。

地面以下或防潮层以下的砌体，潮湿房间墙所用材料的最低强度等级 表 1-1

基土的潮湿程度	烧结普通砖、蒸压灰砂砖		混凝土砌块	石　　材	水泥砂浆
	严寒地区	一般地区			
稍潮湿的	MU10	MU10	MU7.5	MU30	M5
很潮湿的	MU15	MU10	MU7.5	MU30	M7.5
含水饱和的	MU20	MU15	MU10	MU40	M10

注：1. 在冻胀地区，地面以下或防潮层以下的砌体，当采用多孔砖时，其孔洞应用水泥砂浆灌实；当采用混凝土砌块砌体时，其孔应采用强度等级不低于 Cb20 的混凝土灌实；

2. 对安全等级为一级或设计使用年限大于 50 年的房屋，表中材料强度等级应至少提高一级。

第三节　砌体的受压性能

一、砌体轴心受压

（一）破坏特征

砌体轴心受压时，有着较为显著的破坏特征，且随着砌体种类的不同又有所差异。

1. 普通砖砌体

普通砖砌体在轴心压力作用下，按照裂缝的出现、发展和最终破坏，可划分为三个受力阶段，如图 1-7 所示。第一阶段是随压力的增大至出现第一条裂缝（有时有几条，又称

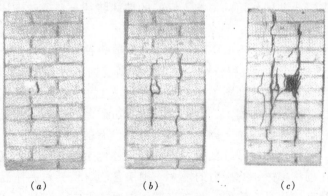

（a）　　　　　　　　（b）　　　　　　　　（c）

图 1-7　普通砖砌体轴心受压破坏特征

第一批裂缝）。其特点是仅在单块砖内产生细小的竖向裂缝（如图 1-7a 所示）；如不增加压力，该裂缝亦不发展；产生第一批裂缝时的压力为破坏压力的 50% ~ 70%。第二阶段是随着压力的进一步增大，砌体内裂缝增多，至有的单块砖内的裂缝不断发展，产生贯通

几皮砖的竖向裂缝（如图 1-7 b 所示）。其特点是即使压力不增加，裂缝也会继续发展；其压力为破坏压力的 80% ~ 90%，砌体临近完全破坏。在实际工程中，如果产生这种状态是十分危险的，应立即采取措施处理或进行加固。第三阶段是压力增加至砌体完全破坏（如图 1-7 c 所示）。其特点是砌体中竖向裂缝急剧加长、增宽，部分砖被压碎，或因沿竖向灰缝位置裂缝贯通所形成的小柱体失稳破坏。

试验和分析表明，砖砌体在受压时首先是单块砖开裂，最终破坏时砌体抗压强度总是低于它所采用砖的抗压强度。这一重要特征是因为砌体内的单块砖受到复杂应力作用的结果，如图 1-8 所示。砌体中水平灰缝砂浆的饱满度、密实性及其厚薄不一，砖的表面不完全平整、规则，砌体轴心受压时砖并非想像的均匀受压，而是处于受拉、受弯和受剪的复杂应力状态。砖和砂浆的变形性能的差异亦增大了上述复杂应力。砂浆强度等级愈低时，砂浆的弹性模量低，横向变形大。在砖和砂浆的相互作用下，砖内产生的拉、弯、剪应力增大。砌体竖向灰缝砂浆的不饱满、不密实，还使砖在竖向灰缝处产生一定的应力集中。可见砌体内的砖受到较大的弯曲、剪切和拉应力的共同作用，而砖是一种脆性材料，其抗拉、弯、剪的强度远低于它的抗压强度。

图 1-8 单块砖的
复杂受力状态

2. 多孔砖砌体

烧结多孔砖砌体的受压性能与上述的类同，但由于多孔的高度（90mm）大于普通砖的高度（53mm），且存在较薄的孔壁，致使砌体内产生第一批裂缝时的压力有所增大，约为破坏压力的 70%，自第二至第三个受力阶段经历的时间则较短。在第二个受力阶段出现裂缝的数量不多，但竖向裂缝贯通的速度快。临近破坏时砖的表面普遍出现较大面积的剥落（如图 1-9 所示）。可见多孔砖砌体较上述普通砖砌体具有更为显著的脆性破坏性质。

3. 混凝土小型砌块砌体

混凝土小型砌块砌体，无论灌孔与否，其轴心受压破坏过程亦可划分为三个受力阶段。但由于砌块的高度大（为 190mm）、孔洞率大，块体的壁较薄，对于灌孔砌块砌体还受到块体与芯柱混凝土共同作用的影响，它们的破坏特征与普通砖砌体的破坏特征有所不同。

（1）在受力的第一阶段，不论空心还是灌孔砌体，往往只产生一条竖向裂缝，开裂压力与破坏压力之比约为 0.5。该裂缝在一块砌块的高度内贯通，且裂缝较细。

（2）对于空心砌块砌体，如图 1-10（a）所示，①为第一条竖向裂缝，常在砌体宽面上沿砌块孔边产生。随压力的增大，沿砌块孔边或沿砂浆竖缝产生裂缝②。继而在砌体窄面上产生裂缝③。裂缝③大多位于砌块孔洞中部，也有的发生在孔边，它一旦出现便迅速沿砌体高度贯通。砌体破坏时裂缝数量少，最终往往因裂缝③骤然加宽而丧失承载力。

（3）对于灌孔砌块砌体，随压力的增大，砌块各肋（壁）对芯体混凝土产生一定的横向约束，但这种约束作用是有限的。只有当芯体混凝土与空心砌块有良好的粘结性能，且空心砌块的强度与芯体混凝土的强度接近时，二者共同受力最佳，其破坏形态如图 1-10（b）所示。破坏时块体和芯体混凝土均出现多条竖向裂缝，随着裂缝的增多、加宽导致灌孔砌体最终破坏。

4. 毛石砌体

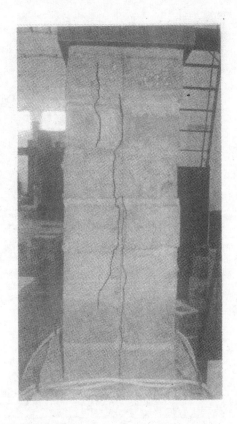

图 1-9　页岩粉煤灰多孔砖砌体轴心受压破坏

　　毛石砌体轴心受压时，产生第一批裂缝时的压力约为破坏压力的 30%，远较普通砖砌体的低。随压力的增大，砌体内产生的裂缝不如普通砖砌体那样分布有规律。这些差异是因为毛石和灰缝的形状不规则，砌体的匀质性较差，产生更为不利的复杂应力状态。

　　（二）影响因素

　　砌体是一种各向异系的复合材料，影响砌体抗压强度的因素较多，归纳起来主要影响因素是块体和砂浆的物理、力学性能及施工质量。

　　1. 砌体材料的强度

　　块体和砂浆强度是影响砌体抗压强度的最主要因素。块体和砂浆的强度等级高，砌体的抗压强度亦高，且增大块体强度等级使砌体抗压强度提高的幅度大于增大砂浆强度时的幅度，因而采用强度等级高的块体较为有利。对于混凝土空心砌块砌体，这种影响更为明显。但对于灌孔的混凝土砌块砌体，砌块和灌孔混凝土的强度的影响是主要的，砌筑砂浆强度的影响不明显。在工程设计上，应使砌块强度等级与灌孔混凝土的强度等级相匹配，以充分发挥材料的强度。

　　2. 砂浆的变形与和易性

　　低强度等级砂浆的变形率大，保水性差、稠度不适当的砂浆不易铺砌成均匀、饱满、密实的灰缝，这些均使砌体内块体受到的拉、弯、剪应力增大，砌体抗压强度降低。水泥砂浆的和易性差，砌体抗压强度平均降低 10%。

　　3. 块体的规整程度和尺寸

（a）

（b）

图 1-10　混凝土砌块砌体轴心受压破坏
（a）空心砌块砌体；（b）灌孔砌块砌体

　　块体表面愈规则、平整，愈能有利地改善砌体内的复杂应力状态，使砌体抗压强度提高。如毛石砌体的抗压强度要比相应的毛料石砌体的抗压强度低很多。块体的尺寸，尤其是块体高度（厚度）对砌体抗压强度亦有较大的影响。高度大的块体的抗弯、抗剪和抗拉强度增大，砌体抗压强度提高。但块体高度加大后，砌体受压破坏的脆性增大。

　　4．施工质量

　　砌体工程施工质量对砌体强度有着直接而重要的影响，视砌筑质量的好坏及施工质量控制等级而不同。当砌体中灰缝砂浆的饱满度、灰缝厚度、块体砌筑时的含水率以及砌体组砌方法等符合规定的要求，表明砌筑质量好，可尽量减小砌体内复杂应力作用的不利影响，砌体强度可达到规定的指标。对灰缝的砂浆饱满度等的具体规定，可查阅《砌体工程施工质量验收规范》（GB 50203—2002）。例如，其中规定应采用正确的组砌方法，对于砖砌体要上、下错缝，内外搭砌，若采用包心砌法，不但砌体强度显著降低，且整体性也极差，以致于发生工程倒塌事故。对于混凝土小型空心砌块，应底面朝上反砌于墙上，既便于铺砌砂浆又能提高水平灰缝的砂浆饱满度。

根据施工现场的质量管理、砂浆和混凝土的强度、砌筑工人技术等级的综合水平对砌体施工质量所作的分级称为砌体施工质量控制等级。它分为 A、B、C 三级，如表 1-2 所列。其级别与砌体强度设计值直接挂钩，砌体强度设计值在 A 级时取值最高，B 级次之，C 级时最低。

砌体施工质量控制等级　　　　　　　　　　表 1-2

项　目	施工质量控制等级		
	A	B	C
现场质量管　理	制度健全，并严格执行；非施工方质量监督人员经常到现场，或现场设有常驻代表；施工方有在岗专业技术管理人员，人员齐全，并持证上岗	制度基本健全，并能执行；非施工方质量监督人员间断地到现场进行质量控制；施工方有在岗专业技术管理人员，并持证上岗	有制度；非施工方质量监督人员很少作现场质量控制；施工方有在岗专业技术管理人员
砂浆、混凝土强度	试块按规定制作，强度满足验收规定，离散性小	试块按规定制作，强度满足验收规定，离散性较小	试块强度满足验收规定，离散性大
砂浆拌合方式	机械拌合；配合比计量控制严格	机械拌合；配合比计算控制一般	机械或人工拌合；配合比计量控制较差
砌筑工人	中级工以上，其中高级工不少于 20%	高、中级工不少于 70%	初级工以上

5. 试验方法

采用不同的试件尺寸和试验方法所测得的砌体强度是不相等的，在对国内与国外或国内不同单位的试验结果及其强度取值进行比较时尤其要注意这一点。在我国应遵从《砌体基本力学性能试验方法标准》（GBJ 129—90）的规定。如普通砖砌体的抗压试件尺寸应采用 $240mm \times 370mm \times 720mm$（图 1-11a），当砖砌体的截面尺寸与此不符时，其抗压强度应按试验结果加以修正。对于混凝土小型砌块砌体抗压试件，厚度应为砌块厚度，宽度应为主规格砌块的长度，高度应为三皮砌块高加灰缝厚度，且试件中间一皮砌块应有一条竖向灰缝（图 11-11b）。

（三）砌体抗压强度

国内外确定砌体抗压强度的基本方法是以影响砌体抗压强度的主要因素为参数，通过较大量的试验，对试验结果进行统计分析，从而建立砌体抗压强度的计算公式。我国在此方面的工作尤为突出，并提出了一个适用于不同种类砌体的抗压强度计算公式，即

$$f_{\mathrm{m}} = k_1 f_1^\alpha (1 + 0.07 f_2) k_2 \tag{1-1}$$

式中　f_{m}——砌体轴心抗压强度平均值（MPa）；

f_1——块体（砖、石、砌块）的抗压强度等级值或抗压强度平均值（MPa）；

f_2——砂浆的抗压强度平均值（MPa）。

公式（1-1）中的 k_1、α 和 k_2 为计算参数，按表 1-3 的规定取值。其中 k_1、α 系考虑

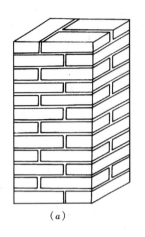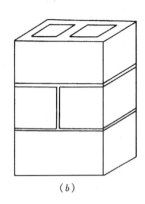

(a) (b)

图 1-11 砌体抗压试件

(a) 普通砖砌体；(b) 混凝土小型空心砌块砌体

不同种类砌体的影响，k_2 系考虑砂浆强度影响所作进一步的修正。

可以看出，公式（1-1）既考虑了影响砌体抗压强度的主要因素，又适用于不同种类砌体，公式形式比较简单且物理概念亦比较明确。施工质量控制等级的影响详见本书第二章第一节所述。

运用公式（1-1）时，尚应注意表 1-3 中注 1 的规定。例如，对于 $f_2 > 10\text{MPa}$ 的混凝土砌块砌体，应取 $f_m = 0.46 f_1^{0.9} (1 + 0.07 f_2)(1.1 - 0.01 f_2)$；采用 MU20、$f_2 > 10\text{MPa}$ 且 $f_1 \geqslant f_2$ 时，应取 $f_m = 0.95 \times 0.46 f_1^{0.9}(1 + 0.07 f_2)(1.1 - 0.01 f_2) = 0.437 f_1^{0.9}(1 + 0.07 f_2)(1.1 - 0.01 f_2)$。

f_m 的计算参数　　　　　　　　　　　表 1-3

砌 体 种 类	k_1	α	k_2
烧结普通砖、烧结多孔砖、蒸压灰砂砖、蒸压粉煤灰砖	0.78	0.5	当 $f_2 < 1$ 时，$k_2 = 0.6 + 0.4 f_2$
混凝土砌块	0.46	0.9	当 $f_2 = 0$ 时，$k_2 = 0.8$
毛料石	0.79	0.5	当 $f_2 < 1$ 时，$k_2 = 0.6 + 0.4 f_2$
毛石	0.22	0.5	当 $f_2 < 2.5$ 时，$k_2 = 0.4 + 0.24 f_2$

注：1. 混凝土砌块砌体的轴心抗压强度平均值，当 $f_2 > 10\text{MPa}$ 时应乘系数 $1.1 - 0.01 f_2$，MU20 的砌体应乘系数 0.95，且满足 $f_1 \geqslant f_2$，$f_1 \leqslant 20\text{MPa}$；

2. k_2 在表列条件以外时均等于 1。

对于灌孔的混凝土砌块砌体，由于灌孔混凝土参与受力，其砌体强度尚应考虑灌孔混凝土的影响。现取灌孔混凝土受压应力（σ）—应变（ε）关系为：

$$\sigma = \left[2\left(\frac{\varepsilon}{\varepsilon_0}\right) - \left(\frac{\varepsilon}{\varepsilon_0}\right)^2 \right] f_{c,m} \qquad (1\text{-}2)$$

式中　ε_0——灌孔混凝土的峰值应变，可取 0.002；

$f_{c,m}$——灌孔混凝土轴心抗压强度平均值。

由于空心砌块砌体与灌孔混凝土的峰值应力在不同应变下产生，前者的峰值应变为

0.0015。以 $\varepsilon = 0.0015$ 和 $\varepsilon_0 = 0.002$，代入公式（1-2），得 $\sigma = 0.94f_{c,m}$。按应力叠加方法并计入灌孔率的影响，单排孔混凝土砌块对孔砌筑并灌孔时，灌孔砌块砌体抗压强度平均值可按下列公式计算：

$$f_{g,m} = f_m + 0.94\alpha f_{c,m} \tag{1-3}$$

或

$$f_{g,m} = f_m + 0.63\alpha f_{cu,m} \tag{1-4}$$

式中　$f_{g,m}$——灌孔砌块砌体抗压强度平均值；

$\quad\quad f_m$——空心砌块砌体抗压强度平均值；

$\quad\quad \alpha$——砌块砌体中灌孔混凝土面积与砌体毛面积的比值；

$\quad\quad f_c$——灌孔混凝土轴心抗压强度平均值；

$\quad\quad f_{cu,m}$——灌孔混凝土立方体抗压强度平均值。

二、砌体局部受压

当轴向压力作用于砌体的部分截面上，该砌体产生局部受压，这是砌体结构构件中常见的一种受力状态。如房屋基础的顶截面上，受到上部柱或墙传来的压力作用；楼面梁或屋架端部支承处的截面上，受到梁或屋架支承压力作用。

（一）破坏特征

试验表明，砌体局部受压时有下列三种破坏形态：

1. 基本破坏形态

图 1-12 为中部作用局部压力的砖砌体试件，随局部压力的增加，第一批裂缝大多在距钢垫板 1~2 皮砖以下的砌体内产生，裂缝细、短小。随局部压力的继续增大，砌体内产生竖向裂缝和自局部压力位置向两侧发展的斜裂缝，裂缝数量增多，有的延伸加长。最终往往产生一条上、下贯通且较宽的裂缝，试件完全破坏，如图 1-12（a）所示。这是因竖向裂缝的发展而产生的一种破坏形态，在局受压试验中较常出现，称为基本破坏形态。

2. 劈裂破坏

当试件砌体面积大而局部受压面积很小时，在局部压力作用下，竖向裂缝少而集中，且初裂压力与破坏压力很接近。即一旦砌体内产生竖向裂缝，便犹如刀劈那样立刻破坏，称为劈裂破坏，如图 1-12（b）所示。

3. 局部受压面积附近的砌体压坏

一般的砌体局部受压试验中，尚未发生过与钢垫板接触附近的砌体被压坏的现象。但工程上像墙梁这类结构，当墙梁的墙高与跨度之比较大，且砌体抗压强度较低时，托梁支座上方较小范围的砌体有可能局部压碎（见第四章第一节所述局部受压破坏）。

（二）受力机理

砌体局部受压时，又分为局部均匀受压和局部不均匀受压。如图 1-13 所示，砌体局部截面上承受均匀压应力，称为局部均匀受压。如图 1-14 所示，砌体局部截面上承受不均匀压应力，属局部不均匀受压，常称为梁端支承处砌体局部受压。

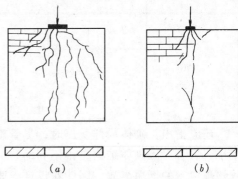

图 1-12　砌体局部受压破坏

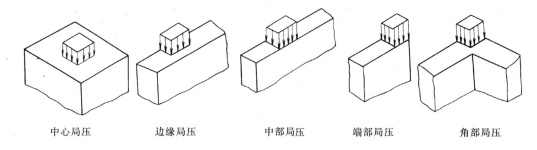

| 中心局压 | 边缘局压 | 中部局压 | 端部局压 | 角部局压 |

图 1-13 局部均匀受压

砌体局部受压时，其压力要经过一定距离才能扩散到整个截面上，应力状态如图 1-15 所示，除沿竖向产生压应力 σ_y 外，还产生横向应力 σ_x。在靠近局部压力的区段 σ_x 为压应力，此区段砌体处于三向或双向受压，局部受压区砌体的抗压强度（局部抗压强度）较一般情况下的砌体抗压强度有较大程度的提高。但较远区段 σ_x 为拉应力，当其值超过砌体抗拉强度时即产生竖向裂缝，这亦是第一批裂缝不在与钢垫板直接接触的砌体部位出现的原因。此时最大横向拉应力的区段较小，砌体还可继续受压。当砌体面积大而局部受压面积很小时，横向拉应力 σ_x 的分布较为均匀，砌体内有较长区段将同时达到抗拉强度，因而产生劈裂破坏。若局部受压面积与砌体面积接近，力的扩散逐渐消失，呈现的将是轴心受压破坏。因此，只要存在未直接承受压力的面积，就有力的扩散作用，就会产生三向或双向受压状态，也就能在不同程度上提高

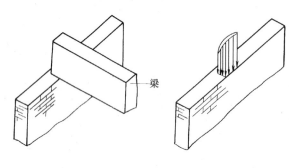

图 1-14 局部不均匀受压

砌体直接受压部分的抗压强度。对于图 1-13，由于局部压力所处的位置不同，中心局压时砌体内产生良好的三向受压应力状态，砌体局部抗压强度最高，而其他情况则次之。

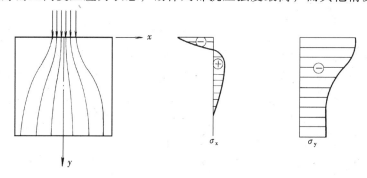

图 1-15 局部受压应力状态

还应指出：砌体局部受压时，尽管砌体局部抗压强度得到提高，但局部受压面积往往很小，后者对于砌体结构是很不利的。工程上曾多次发生因砌体局部受压承载能力不足导致整幢房屋的倒塌事故，因此在设计上要予以高度重视。

第四节　砌体的受剪性能

一、破坏特征

图 1-16 为我国采用的砖砌体抗剪强度试件及其加载方法，砌体有两个受剪面，近似认为在受剪面上只受剪应力作用。试验表明：砌体大多沿 1 个剪面破坏，且很突然，称为沿通缝截面破坏。对于混凝土砌块砌体，其受剪破坏特征亦是如此，图 1-17 为混凝土小型空心砌块砌体的抗剪强度试验及其破坏。

工程结构中，砌体在剪力作用下往往还受到竖向压力的作用，即处于剪-压复合受力状态。其破坏特征与上述只受剪力作用的砌体的破坏特征有较大的不同。当砌体截面上的垂直压应力为 σ_y，剪应力为 τ，则因 σ_y/τ 的不同，将产生剪摩、剪压和斜压三种破坏形态。图 1-18 所示试件，砌体的通缝方向与竖向呈不同的夹角 θ，在试件顶面施加竖向压力，以反映砌体的剪-压复合受力。

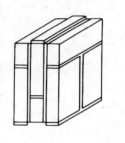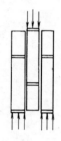

1. 剪摩破坏

试验结果表明，当 σ_y/τ 较小，即通缝方向与竖向的

图 1-16　砖砌体受剪

夹角 $\theta \leqslant 45°$ 时，砌体沿通缝截面受剪。当其摩擦力不足以抗剪时，沿通缝截面产生滑移（如图 1-18a 所示），称为剪切滑移破坏或剪摩破坏。

图 1-17　混凝土小型空心砌块砌体受剪

2. 剪压破坏

当 σ_y/τ 较大，即 $45° < \theta \leqslant 60°$ 时，试件内产生阶梯形裂缝（或称齿缝），该裂缝的进一步发展导致砌体破坏（如图 1-18b 所示）。这是由于砌体内的主拉应力超过砌体抗拉强度，称为剪压破坏。

3. 斜压破坏

当 σ_y/τ 更大，即 $60° < \theta < 90°$ 时，试件内产生基本沿压力作用方向的裂缝，并最终破

坏（如图 1-18*c* 所示），称为斜压破坏。试验表明：这种破坏更具脆性，在工程结构上应予避免。

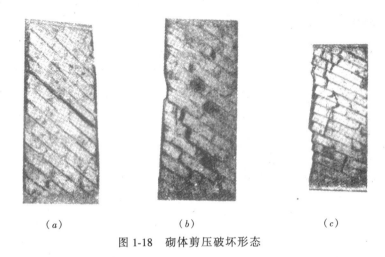

（a）　　　　　　（b）　　　　　　（c）

图 1-18　砌体剪压破坏形态

二、影响因素

影响砌体抗剪强度的主要因素有砂浆强度、垂直压应力和施工质量等。

1. 砌体材料强度

块体和砂浆的强度对砌体抗剪强度均有影响，但影响的程度与砌体受剪的破坏形态有关。在剪摩和剪压的受力状态下，主要由灰缝（通缝或齿缝）砂浆抗剪，随砂浆强度的提高，砌体抗剪强度增大，此时块体强度的影响很小。在斜压受力状态下，由于砌体基本沿压力作用方向开裂，提高块体强度使砌体抗剪强度增大的幅度大于提高砂浆强度时的幅度。

对于灌孔混凝土砌块砌体，除上述影响外，不可忽视灌孔混凝土的作用。随混凝土强度的提高，芯柱混凝土抗剪强度增大及芯柱"销栓"作用增强，使得灌孔砌体的抗剪强度有较大程度的增加。

2. 垂直压应力

图 1-19 中虚线为砖砌体在剪-压受力下砌体抗剪强度与垂直压应力关系的实测平均值曲线，N 为施加的压力，N_u 为破坏压力，V_u 为破坏剪力。在垂直压应力较小时，随垂直压应力的增大，砌体抗剪强度提高。这是因为砌体处于剪摩受力状态，剪切面上的摩擦力增大，抗水平滑移的能力增强。当垂直压应力较大，N/N_u 为 0.6 左右时，砌体因抗主拉应力的强度不足产生剪压破坏，垂直压应力的增大对砌体抗剪强度增大或降低的幅度不大，其变化较为平缓。当垂直压应力更大时，砌体处于斜压受力状态，随垂直压应力的增大，砌体抗剪强度迅速下降直至为零。可见垂直压应力的大小，决定了砌体受剪破坏形态并直接影响砌体抗剪强度。

3. 施工质量

如前所述，砌体工程施工质量对砌体抗剪强度亦有直接而重要的影响。其中砌筑质量对砌体抗剪强度的影响，主要是灰缝砂浆的饱满度和块体砌筑时的含水率。水平灰缝和竖向灰缝砂浆愈饱满，其粘结愈好，砌体抗剪强度愈高。对于块体砌筑时含水率的影响，一般认为在较佳含水率时，砌体抗剪强度最高。施工质量控制等级的影响见本章第三节中所述。

4. 试验方法

砌体的抗剪强度与试件的形式、尺寸大小及加载方法有关，试验方法不同，测得的抗剪强度是不相等的。我国采用的砌体抗剪试件如图1-16和图1-17所示，具体的试验要求可查阅《砌体基本力学性能试验方法标准》（GBJ129—90）。

三、砌体抗剪强度

这里所述强度包括砌体基本抗剪强度和剪-压受力下的抗剪强度。

（一）砌体基本抗剪强度

砌体基本抗剪强度是指砌体仅受剪应力作用时的抗剪强度，其大小由砂浆的粘结强度决定。砌体可能沿通缝截面或齿缝截面破坏，对于后者，其抗剪强度为水平灰缝和竖向灰缝抗剪强度之和。但由于工程中砌体竖向灰缝砂浆往往不饱满，且竖向灰缝砂浆的抗剪强度很低，取砌体沿齿缝截面的抗剪强度等于沿通缝截面的抗剪强度。因而，砌体基本抗剪强度主要取决于水平灰缝砂浆的粘结强度。现直接以砂浆强度 f_2 表达，得

$$f_{\mathrm{vo,m}} = k_5 \sqrt{f_2} \tag{1-5}$$

式中　$f_{\mathrm{vo,m}}$——砌体基本抗剪强度平均值；

　　　k_5——参数，按表1-4的规定采用。

对于灌孔混凝土砌块砌体，还应计入灌孔混凝的影响，根据试验结果取：

$$f_{\mathrm{vg,m}} = 0.32 f_{\mathrm{g,m}}^{0.55} \tag{1-6}$$

式中　$f_{\mathrm{vg,m}}$——灌孔混凝土砌块砌体抗剪强度平均值；

　　　$f_{\mathrm{g,m}}$——灌孔混凝土砌块砌体抗压强度平均值，按公式（1-3）计算。

砌体轴心抗拉、弯曲抗拉和抗剪强度平均值计算参数　　表1-4

砌　体　种　类	k_3	k_4		k_5
		沿　齿　缝	沿　通　缝	
烧结普通砖、烧结多孔砖	0.141	0.250	0.125	0.125
蒸压灰砂砖、蒸压粉煤灰砖	0.09	0.18	0.09	0.09
混凝土砌块	0.069	0.081	0.056	0.069
毛石	0.075	0.113	—	0.188

（二）剪-压受力下的砌体抗剪强度

国内外对砌体在剪-压受力下的抗剪强度，主要依据主拉应力破坏理论和库仑破坏理论来建立。近年来，我国提出了剪压复合受力影响系数的计算方法。

1. 按主拉应力破坏理论的表达式

当砌体受剪应力（τ_{xy}）和竖向压应力（σ_{y}）作用时，按主拉应力破坏理论，其主拉应力 σ_1 应符合下式要求：

$$\sigma_1 = -\frac{\sigma_{\mathrm{y}}}{2} + \sqrt{\left(\frac{\sigma_{\mathrm{y}}}{2}\right)^2 + \tau_{\mathrm{xy}}^2} \leqslant f_{\mathrm{vo,m}} \tag{1-7}$$

即

$$\tau_{\mathrm{xy}} \leqslant f_{\mathrm{vo,m}} \sqrt{1 + \frac{\sigma_{\mathrm{y}}}{f_{\mathrm{vo,m}}}} \tag{1-8}$$

由此得在剪-压受力下，按主拉应力破坏理论计算的砌体抗剪强度平均值为：

$$f_{v,m} = f_{vo,m}\sqrt{1 + \frac{\sigma_y}{f_{vo,m}}} \qquad (1-9)$$

我国《建筑抗震设计规范》（GB 50011—2001）依据震害统计分析的结果，采用式 (1-9)确定砖砌体的抗震抗剪强度。对于砌体结构房屋中的墙体在斜裂缝出现乃至裂通以后仍具有一定的整体承载能力，难以用主拉应力破坏理论来解释，表明应用该理论有不足之处。

2. 按库仑破坏理论的表达式

按库仑破坏理论，砌体在剪-压受力下的抗剪强度为上述 $f_{vo,m}$ 和竖向压应力产生的摩阻力之和，即

$$f_{v,m} = f_{vo,m} + \mu'\sigma_y \qquad (1-10)$$

式中　μ'——砌体摩擦系数。

这一方法为许多国家的砌体结构设计规范所采用，如我国原《砌体结构设计规范》（GBJ 3—88）、前苏联及英国的规范等。我国《建筑抗震设计规范》（GB 50011—2001）亦采用此方法确定砌块砌体的抗震抗剪强度。以上表明，该理论被广为应用，已产生较大的影响。对于剪压比较小的墙体，采用剪摩公式（1-10）比较符合工程实际，但它不能反映砌体在剪压破坏和斜压破坏时的抗剪强度。

3. 按剪压复合受力影响系数的计算方法

为了确定砌体在剪摩、剪压和斜压三种破坏形态下的砌体抗剪强度，依据较大量的试验结果并进行拟合，在我国提出了按剪压复合受力影响系数表达的计算公式，即

$$f_{v,m} = f_{vo,m} + \alpha\mu\sigma_{ok} \qquad (1-11)$$

式中　α——不同种类砌体的修正系数；

　　　μ——剪压复合受力影响系数；

　　　σ_{ok}——竖向压应力标准值。

以砖砌体为例，

当 $\sigma_{ok}/f_m \leqslant 0.8$ 时

$$\mu = 0.83 - 0.7\frac{\sigma_{ok}}{f_m} \qquad (1-12)$$

当 $0.8 < \frac{\sigma_{ok}}{f_m} \leqslant 1.0$ 时

$$\mu = 1.690 - 1.775\frac{\sigma_{ok}}{f_m} \qquad (1-13)$$

现将 μ 按公式（1-12）和公式（1-13）时砌体抗剪强度的计算结果绘于图 1-19 中（实线所示），它与试验结果吻合良好，较全面反映了砌体在不同破坏形态下抗剪强度的变化及其取值。

对比公式（1-11）和公式（1-10）可看出，公式（1-11）在形式上虽为剪摩模式，

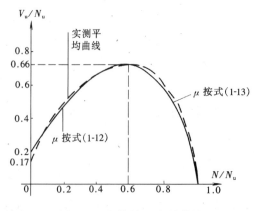

图 1-19　砌体剪-压相关曲线

但由于其中取用剪压复合受力影响系数，使得二者有实质上的区别，且公式（1-11）较公式（1-10）有较大的改进。本方法为我国《砌体结构设计规范》（GB 50003—2001）采用。尽管如此，仍有必要研究公式（1-11）在理论分析上的依据，如何合理建立砌体的抗震抗剪强度亦有待进一步探讨。

第五节　砌体的受拉和受弯性能

砌体轴心抗拉和弯曲抗拉的强度很低，且其破坏特征与混凝土等材料的破坏特征有明显的区别。

一、砌体轴心受拉

1. 破坏特征

根据拉力作用的方向和砌体材料强度的高低，砌体轴心受拉有三种破坏形态，如图1-20所示。

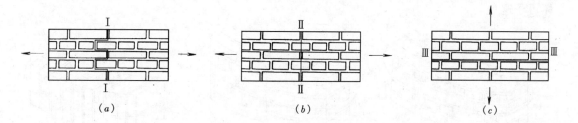

(a)　　　　　　　　　　(b)　　　　　　　　　　(c)

图 1-20　砖砌体轴心受拉破坏

砌体受拉时，其抗拉强度决定于砂浆与块体的粘结强度，它包括切向粘结强度和法向粘结强度。其中法向粘结强度极低，且不易得到保证，因而砌体抗拉强度受砂浆的切向粘结强度控制。

当轴心拉力平行于砌体的水平灰缝方向作用，且块体的强度较高，而砂浆强度较低时，由于砂浆与块体间的切向粘结强度低于块体的抗拉强度，砌体将沿灰缝截面Ⅰ-Ⅰ破坏。如图1-20（a）所示，破坏面呈齿状，称为砌体沿齿缝截面破坏。如块体的强度低，而砂浆强度较高时，砂浆与块体间的切向粘结强度大于块体的抗拉强度，砌体将沿块体和竖向灰缝截面Ⅱ-Ⅱ破坏，如图1-20（b）所示，破坏面较整齐，称为砌体沿块体截面轴心受拉。砌体受拉破坏均较突然，属脆性破坏。在工程设计时，往往选用较高强度等级的块体，因此通常不会产生沿块体截面的轴心受拉破坏。

当轴心拉力垂直于砌体的水平灰缝方向作用时，由于砂浆与块体间的法向粘结强度极低，砌体很易沿水平通缝截面Ⅲ-Ⅲ破坏，如图1-20（c）所示，称为砌体沿水平通缝截面受拉。其破坏不仅突然发生，且由于上述法向粘结强度得不到保证，因此不允许采用沿水平通缝截面的轴心受拉构件。

2. 砌体轴心抗拉强度

正如砌体基本抗剪强度中所述，砌体轴心抗拉强度亦直接以砂浆强度 f_2 表达，得

$$f_{t,m} = k_3 \sqrt{f_2} \tag{1-14}$$

式中　　$f_{t,m}$——砌体轴心抗拉强度平均值；

k_3——参数，按表1-4的规定采用。

根据上述受拉性能，工程上砌体轴心受拉是指沿齿缝截面的轴心受拉。按理其拉力由水平和竖向灰缝砂浆共同承担，但由于竖向灰缝砂浆不饱满，还有可能干缩，因此计算上不考虑竖向灰缝砂浆的作用，全部拉力只由水平灰缝砂浆承受。此外，砌体能承受的拉力与水平灰缝的面积相关，其面积又与块体的搭砌长度有关。因而用形状规则的块体砌筑的砌体，其轴心抗拉强度尚应计入砌体内块体的搭接长度与块体高度之比值的影响。

二、砌体弯曲受拉

1. 破坏特征

砌体受弯时，破坏产生于受拉区。与上述轴心受拉的破坏特征类同，砌体弯曲受拉有如图1-21所示三种破坏形态。图1-21（a）为截面内的拉应力使砌体沿齿缝截面Ⅰ-Ⅰ破坏，称为砌体沿齿缝截面弯曲受拉。图1-21（b）为截面内的拉应力使砌体沿块体截面Ⅱ-Ⅱ破坏，称为砌体沿块体截面弯曲受拉。图1-21（c）为截面内的拉应力使砌体沿通缝截面Ⅲ-Ⅲ破坏，称为砌体沿通缝截面弯曲受拉。工程结构中，沿块体截面的弯曲受拉破坏可予避免。

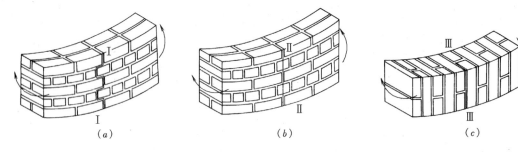

（a）　　　　　　　　　　（b）　　　　　　　　　　（c）

图1-21　砖砌体弯曲受拉破坏

2. 砌体弯曲抗拉强度

砌体沿齿缝截面或沿通缝截面的弯曲抗拉强度亦取决于砂浆与块体间的粘结强度，同样可用砂浆强度 f_2 表达，得

$$f_{tm,m} = k_4 \sqrt{f_2} \tag{1-15}$$

式中　$f_{tm,m}$——砌体沿齿缝或沿通缝截面弯曲抗拉强度平均值；

　　　k_4——参数，按表1-4的规定采用。

在确定砌体弯曲抗拉强度时，同样应考虑砌体内块体搭接长度与块体高度之比值的影响。工程上砌体可以沿通缝截面弯曲受拉，但从 k_4 的取值（表1-4）看，其强度远低于沿齿缝截面的弯曲抗拉强度。对于毛石砌体则只可能产生沿齿缝截面的弯曲受拉。

第六节　砌体的变形性能

在砌体结构的设计和分析中，除确定砌体强度，还应重视砌体的变形性能。如砌体的应力-应变关系是研究砌体结构破坏机理、内力分析、承载力计算乃至进行非线性全过程分析的重要依据。砌体的膨胀和收缩性能，直接影响到砌体的开裂和防裂。

一、砌体应力-应变关系

1. 砌体受压应力-应变曲线

砌体受压时，随应力（σ）的增加，应变（ε）增大，且随后应变增长的速度大于应力增加的速度，应力-应变全曲线如图 1-22 所示。其性质与混凝土的类似，图中 a 点称为比例极限点，b 点称为应力峰值点，c 点称为拐点，d 点称为极限压应变点。ob 为 σ-ε 关系的上升段，bd 为其下降段。

图 1-23 所示 σ-ε 全曲线公式可供计算分析时参考。对于图 1-23（a），

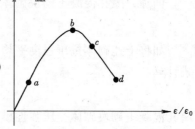

$$\left.\begin{aligned} \frac{\sigma}{\sigma_{max}} &= 2\left(\frac{\varepsilon}{\varepsilon_0}\right) - \left(\frac{\varepsilon}{\varepsilon_0}\right)^2 \quad \left(0 \leqslant \frac{\varepsilon}{\varepsilon_0} \leqslant 1.0\right) \\ \frac{\sigma}{\sigma_{max}} &= 1.2 - 0.2\left(\frac{\varepsilon}{\varepsilon_0}\right) \quad \left(1 < \frac{\varepsilon}{\varepsilon_0} \leqslant 1.6\right) \end{aligned}\right\} \quad (1\text{-}16)$$

对于图 1-23（b），

$$\frac{\sigma}{\sigma_{max}} = 6.4\left(\frac{\varepsilon}{\varepsilon_0}\right) - 5.4\left(\frac{\varepsilon}{\varepsilon_0}\right)^{1.17} \quad (1\text{-}17)$$

图 1-22　砖砌体受压应力-应变全曲线

以上式中 ε_0 为峰值应变，且取极限应变 $\varepsilon_{ult} = 1.6\varepsilon_0$。

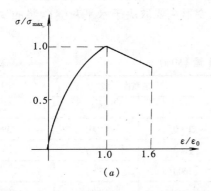
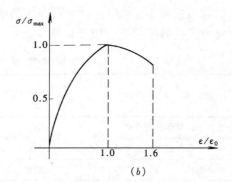

（a）　　　　　　　　　　　　（b）

图 1-23　砌体受压 σ-ε 全曲线

在我国应用较多的是以砌体抗压强度平均值 f_m 为基本变量的对数型 σ-ε 曲线，即

$$\varepsilon = -\frac{1}{\xi\sqrt{f_m}}\ln\left(1 - \frac{\sigma}{f_m}\right) \quad (1\text{-}18)$$

式中 ξ 为反映不同种类砌体变形性能的系数。根据砖砌体的轴心受压试验结果，取 $\xi = 460$。因而砖砌体的受压 σ-ε 公式为：

$$\varepsilon = -\frac{1}{460\sqrt{f_m}}\ln\left(1 - \frac{\sigma}{f_m}\right) \quad (1\text{-}19)$$

对于灌孔混凝土砌块砌体，依据试验结果可取 $\xi = 500$。

在公式（1-18）中，当 $\sigma = f_m$ 时 $\varepsilon \rightarrow \infty$，可见本曲线无下降段。但按砌体轴心受压的破坏特征和试验结果，可取 $\sigma = 0.9f_m$ 时的应变作为砌体的极限压应变。由公式（1-19）可得砖砌体轴心受压的极限压应变为：

$$\varepsilon_{ult} = \frac{0.005}{\sqrt{f_m}} \quad (1\text{-}20)$$

2. 砌体弹性模量

砌体受压 $\sigma\text{-}\varepsilon$ 曲线是非线性的，应力与应变之比为变值。但当砌体在应力上限为 $(0.4 \sim 0.5)f_m$，重复加-卸载 $3 \sim 5$ 次后，其变形趋于稳定并近于直线关系。此时的割线模量接近初始弹性模量（$\sigma\text{-}\varepsilon$ 曲线上原点切线的斜率），称为砌体受压弹性模量。当取 $\sigma = 0.4f_m$ 时，按公式（1-18），砖砌体受压弹性模量可近似取为：

$$E = 370f_m\sqrt{f_m} \qquad (1\text{-}21)$$

同理，灌孔混凝土砌块砌体受压弹性模量可近似取为：

$$E = 380f_{g,m}\sqrt{f_{g,m}} \qquad (1\text{-}22)$$

如将上述砌体抗压强度平均值转换为设计值（f，f_g），则砖砌体受压弹性模量可按下式计算：

$$E = 1200f\sqrt{f} \qquad (1\text{-}23)$$

灌孔混凝土砌块砌体受压弹性模量可按下式计算：

$$E = 1260f_g\sqrt{f_g} \qquad (1\text{-}24)$$

我国《砌体结构设计规范》（GB 50003—2001）对此作了进一步简化，即按不同强度等级的砂浆，采用砌体受压弹性模量与砌体抗压强度设计值为正比关系。各类砌体受压弹性模量的取值按表 1-5 采用。由于石砌体的受压变形主要取决于水平灰缝砂浆的变形，因此表中规定仅按砂浆强度等级予以确定。

砌 体 的 弹 性 模 量（MPa）　　　　　表 1-5

砌 体 种 类	砂浆强度等级			
	$\geqslant$ M10	M7.5	M5	M2.5
烧结普通砖、烧结多孔砖砌体	$1600f$	$1600f$	$1600f$	$1390f$
蒸压灰砂砖、蒸压粉煤灰砖砌体	$1060f$	$1060f$	$1060f$	$960f$
混凝土砌块砌体	$1700f$	$1600f$	$1500f$	—
粗料石、毛料石、毛石砌体	7300	5650	4000	2250
细料石、半细料石砌体	22000	17000	12000	6750

注：轻骨料混凝土砌块砌体的弹性模量，可按表中混凝土砌块砌体的弹性模量采用。

对于灌孔混凝土砌块砌体，由于芯体混凝土参与受力，砂浆对灌孔砌体受压变形的影响程度减弱。因此，单排孔混凝土砌块对孔砌筑并灌孔的砌体，其受压弹性模按下式计算：

$$E = 1700f_g \qquad (1\text{-}25)$$

3. 砌体剪变模量

按材料力学公式，材料的剪变模量为：

$$G = \frac{E}{2(1+\nu)} \qquad (1\text{-}26)$$

式中，ν 为泊松比，对于弹性材料 ν 为常数。砌体是各向异性的复合材料，ν 为变值。根据国内外的试验结果，当 $\sigma/f_m \leqslant 0.5$ 时，砖砌体的 $\nu = 0.1 \sim 0.2$，平均值约为 0.15；当

σ/f_m 分别为 0.6、0.7 及 ≥ 0.8 时，ν 值可分别取 0.2、0.25 和 0.3 ~ 0.35。砌体结构在使用阶段，可取 $\nu = 0.15$，得

$$G_m = \frac{E}{2(1 + 0.15)} = 0.43E \qquad (1-27)$$

我国《砌体结构设计规范》（GB 50003—2001）规定，砌体的剪变模量按下式计算：

$$G_m = 0.4E \qquad (1-28)$$

二、砌体的膨胀与收缩

温度变化时，砌体产生热胀、冷缩变形，除此之外，砌体在浸水时体积膨胀，在失水时体积收缩，这种收缩变形又称为干缩变形，它较膨胀变形大得多。当上述变形受到约束而不能自由发生时，砌体构件内将产生温度应力或干缩应力，易引起砌体结构变形及开裂。各类砌体的线膨胀系数和收缩率，可按表 1-6 采用。

表 1-6

砌体的线膨胀系数和收缩率

砌 体 类 别	线膨胀系数 $(10^{-6}/\text{℃})$	收缩率 (mm/m)	砌 体 类 别	线膨胀系数 $(10^{-6}/\text{℃})$	收缩率 (mm/m)
烧结黏土砖砌体	5	− 0.1	轻骨料混凝土砌块砌体	10	− 0.3
蒸压灰砂砖、蒸压粉煤灰砖砌体	8	− 0.2	料石和毛石砌体	8	—
混凝土砌块砌体	10	− 0.2			

注：表中的收缩率系由达到收缩允许标准的块体砌筑 28d 的砌体收缩率，当地方有可靠的砌体收缩试验数据时，亦可采用当地的试验数据。

在混合结构房屋中，屋面混凝土的线膨胀系数约为 $10 \times 10^{-6}/\text{℃}$，而烧结砖砌墙体的线膨胀系数为 $5 \times 10^{-6}/\text{℃}$，屋面的温度变形较相邻墙体的温度变形大一倍。烧结普通黏土砖砌体的收缩率小，而非烧结的块材砌体，如蒸压灰砂砖、混凝土砌块等砌体的收缩率较大。以混凝土砌块砌体为例，其收缩率为 − 0.2mm/m，而按线膨胀系数，当温度变化 1℃ 时的变形仅有 0.01mm/m，表明混凝土砌块砌体的干缩变形相当于温差为 20℃ 时的变形。可见在砌体结构的设计、施工和使用中，不容忽视上述膨胀和收缩变形对砌体结构所造成的危害。

三、砌体摩擦系数

砌体截面上的法向压力将产生摩擦力，它可阻止或减小砌体剪切面的滑移。该摩擦阻力的大小与法向压力和摩擦系数有关。砌体沿不同材料滑移的摩擦系数，可按表 1-7 的规定采用。

表 1-7

摩 擦 系 数

材 料 类 别	摩擦面情况		材 料 类 别	摩擦面情况	
	干燥的	潮湿的		干燥的	潮湿的
砌体沿砌体或混凝土滑动	0.70	0.60	砌体沿砂或卵石滑动	0.60	0.50
砌体沿木材滑动	0.60	0.50	砌体沿粉土滑动	0.55	0.40
砌体沿钢滑动	0.45	0.35	砌体沿黏性土滑动	0.50	0.30

思 考 题 与 习 题

1-1 现代砌体结构的主要特点有哪些？

1-2 混凝土小型空心砌块砌体为什么要采用专用砂浆砌筑和专用混凝土灌孔？

1-3 如何选择砌体结构材料的最低强度等级？

1-4 试比较烧结普通砖砌体和烧结多孔砖砌体在轴心受压时的破坏特征。

1-5 试分析影响砌体抗压强度的主要因素。

1-6 经检测某房屋中墙体采用的烧结普通砖强度为 13.2MPa，砂浆强度为 4.6MPa。试计算其砌体的抗压强度平均值。

1-7 某墙体采用 MU10 混凝土小型空心砌块（砌块孔洞率 45％）和水泥混合砂浆 Mb10 砌筑，并用 Cb20 混凝土全灌孔。试计算其灌孔砌块砌体抗压强度平均值。

1-8 试述砌体局部抗压强度提高的原因。

1-9 垂直压应力对砌体抗剪强度有何影响？

1-10 为什么砌体结构中可以采用沿通缝截面的弯曲受拉构件而不允许采用沿通缝截面的轴心受拉构件？

1-11 砌体的受压弹性模量是如何测定的？

1-12 为什么要重视砌体结构的温度变形和干缩变形？

第二章 无筋砌体结构构件的承载力

第一节 砌体结构的可靠度设计方法

20 世纪 80 年代以来，我国砌体结构采用以概率理论为基础的极限状态设计方法。它以可靠指标度量结构构件的可靠度，采用分项系数的设计表达式进行计算。砌体结构应按承载能力极限状态设计，并满足正常使用极限状态的要求。由于砌体结构自身的特点，其正常使用极限状态的要求，一般情况下由相应的构造措施予以保证，这有别于其他材料结构的设计。

一、承载力计算

砌体结构的承载力，应按下列公式中最不利组合进行计算：

$$\gamma_0\Big(1.2S_{G_k} + 1.4S_{Q_{1k}} + \sum_{i=2}^{n}\gamma_{Q_i}\psi_{ci}S_{Q_{ik}}\Big) \leqslant R(f, a_k\cdots\cdots) \tag{2-1}$$

$$\gamma_0\Big(1.35S_{G_k} + 1.4\sum_{i=1}^{n}\psi_{ci}S_{Q_{ik}}\Big) \leqslant R(f, a_k\cdots\cdots) \tag{2-2}$$

式中　γ_0——结构重要性系数。对安全等级为一级或设计使用年限为 50 年以上的结构构件，不应小于 1.1；对安全等级为二级或设计使用年限为 50 年的结构构件，不应小于 1.0；对安全等级为三级或设计使用年限为 1~5 年的结构构件，不应小于 0.9；

S_{G_k}——永久荷载标准值的效应；

$S_{Q_{1k}}$——在基本组合中起控制作用的一个可变荷载标准值的效应；

$S_{Q_{ik}}$——第 i 个可变荷载标准值的效应；

$R(\cdot)$——结构构件的抗力函数；

γ_{Q_i}——第 i 个可变荷载的分项系数；

ψ_{ci}——第 i 个可变荷载的组合值系数，一般情况下应取 0.7；对书库、档案库、储藏室或通风机房、电梯机房应取 0.9；

f——砌体的强度设计值；

a_k——几何参数标准值。

当楼面活荷载标准值大于 $4kN/m^2$ 时，式（2-1）、（2-2）中系数 1.4 改为 1.3。

设计计算时之所以要选取公式（2-1）和（2-2）中的最不利组合值，在于公式（2-1）是由可变荷载效应控制的组合，而公式（2-2）是由永久荷载效应控制的组合，这样可避免以结构自重为主的结构构件可靠度偏低的后果。

二、整体稳定性验算

当砌体结构作为一个刚体，需验算整体稳定性时，例如，验算倾覆、滑移、漂浮等，为了确保安全，将其中对结构起有利作用的永久荷载的荷载分项系数采用 0.8。验算公式如下：

$$\gamma_0 \left(1.2 S_{G_{2k}} + 1.4 S_{Q_{1k}} + \sum_{i=2}^{n} S_{Q_{ik}} \right) \leqslant 0.8 S_{G_{1k}} \qquad (2\text{-}3)$$

式中　$S_{G_{1k}}$——起有利作用的永久荷载标准值的效应；

　　　$S_{G_{2k}}$——起不利作用的永久荷载标准值的效应。

对于冬期施工采用掺盐砂浆法施工的砌体（配筋砌体不得用掺盐砂浆施工），砂浆强度等级按常温施工的强度等级提高一级时，砌体强度和稳定性可不验算。

三、砌体强度设计值

（一）基本规定

按照上述可靠度设计方法，砌体的强度指标，按下列方法确定：

$$f_k = f_m - 1.645 \sigma_f$$
$$= (1 - 1.645 \delta_f) f_m \qquad (2\text{-}4)$$
$$f = \frac{f_k}{\gamma_f} \qquad (2\text{-}5)$$

式中　f_k——砌体强度标准值；

　　　σ_f——砌体强度标准差；

　　　f——砌体强度设计值；

　　　δ_f——砌体强度变异系数，按表 2-1 的规定采用；

　　　γ_f——砌体结构材料性能分项系数；

　　　f_m——砌体强度平均值。

砌体结构材料性能分项系数与施工质量控制等级直接相关，一般情况下按 B 级考虑，取 $\gamma_f = 1.6$；当为 C 级时，取 $\gamma_f = 1.8$；当为 A 级时，取 $\gamma_f = 1.5$。

按以上规定，便可知道各类砌体在不同受力状态下的强度设计值、标准值与平均值之间的关系，如表 2-1 所示。

在《砌体结构设计规范》（GB 50003—2001）中列出的砌体强度设计值（即以下所述）是指施工质量控制等级为 B 级，且龄期为 28d 的以毛截面计算的砌体强度设计值。

砌 体 强 度 关 系　　　　　　　　　　　　　　　表 2-1

类　别	δ_f	f_k	f	类　别	δ_f	f_k	f
各类砌体受压	0.17	$0.72f_m$	$0.45f_m$	各类砌体受拉、受弯、受剪	0.20	$0.67f_m$	$0.42f_m$
毛石砌体受压	0.24	$0.60f_m$	$0.37f_m$	毛石砌体受拉、受弯、受剪	0.26	$0.57f_m$	$0.36f_m$

注：表内 f 为施工质量控制等级为 B 级时的取值。

（二）砌体抗压强度设计值

不同种类砌体在受压性能上的差异，使得按块体和砂浆强度等级确定的砌体抗压强度设计值有所不同。

1. 烧结普通砖砌体、烧结多孔砖砌体

烧结普通砖砌体和烧结多孔砖砌体的抗压强度设计值 f，应按表 2-2 采用。它们的差别只在于当烧结多孔砖的孔洞率大于 30% 时，烧结多孔砖砌体的抗压强度设计值应作折减，即将表 2-2 所列值乘 0.9。这一方面是因烧结多孔砖砌体受压破坏时脆性增大，另一方面考虑砖的孔洞率较大时砌体抗压强度降低。

烧结普通砖和烧结多孔砖砌体的抗压强度设计值（MPa） 表 2-2

砖强度等级	砂浆强度等级					砂浆强度
	M15	M10	M7.5	M5	M2.5	0
MU30	3.94	3.27	2.93	2.59	2.26	1.15
MU25	3.60	2.98	2.68	2.37	2.06	1.05
MU20	3.22	2.67	2.39	2.12	1.84	0.94
MU15	2.79	2.31	2.07	1.83	1.60	0.82
MU10	—	1.89	1.69	1.50	1.30	0.67

注：当烧结多孔砖的孔洞率大于 30% 时，表中数值应乘以 0.9。

2. 蒸压灰砂砖砌体、蒸压粉煤灰砖砌体

蒸压灰砂砖砌体和蒸压粉煤灰砖砌体的抗压强度设计值 f，应按表 2-3 采用。它与表 2-2 相比较，对应的砌体抗压强度设计值相等，但表 2-3 中砖的强度等级在 MU25 以下，且其砂浆强度等级是采用同类砖（蒸压灰砂砖或蒸压粉煤灰砖）为砂浆强度试块底模确定的。若采用别的砖作底模，如以黏土砖作底模，测得的砂浆强度高，实际的蒸压灰砂砖或蒸压粉煤灰砖砌体的抗压强度达不到表 2-3 的规定值。

蒸压灰砂砖和蒸压粉煤灰砖砌体的抗压强度设计值（MPa） 表 2-3

砖强度等级	砂浆强度等级				砂浆强度
	M15	M10	M7.5	M5	0
MU25	3.60	2.98	2.68	2.37	1.05
MU20	3.22	2.67	2.39	2.12	0.94
MU15	2.79	2.31	2.07	1.83	0.82
MU10	—	1.89	1.69	1.50	0.67

3. 混凝土、轻骨料混凝土空心砌块砌体

混凝土、轻骨料混凝土空心砌块砌体的强度取值，较上述砖砌体的有很大的差别。对孔砌筑的单排孔混凝土和轻骨料混凝土空心砌块砌体的抗压强度设计值 f，应按表 2-4 采用。孔洞率不大于 35% 的单排孔或多排孔轻骨料混凝土砌块砌体的抗压强度设计值，应按表 2-5 采用。可以看出，对孔砌筑的砌体抗压强度大于错孔砌筑的砌体抗压强度，且便于用混凝土灌孔。此外，砌块本身是单排孔或多排孔以及单排或双排组砌对砌体抗压强度也产生一定的影响。

单排孔混凝土和轻骨料混凝土空心砌块砌体的抗压强度设计值（MPa） 表 2-4

砌块强度等级	砂浆强度等级				砂浆强度
	Mb15	Mb10	Mb7.5	Mb5	0
MU20	5.68	4.95	4.44	3.94	2.33
MU15	4.61	4.02	3.61	3.20	1.89
MU10	—	2.79	2.50	2.22	1.31
MU7.5	—	—	1.93	1.71	1.01
MU5	—	—		1.19	0.70

注：1. 对错孔砌筑的砌体，应按表中数值乘以 0.8；
2. 对独立柱或厚度为双排组砌的砌块砌体，应按表中数值乘以 0.7；
3. 对 T 形截面砌体，应按表中数值乘以 0.85；
4. 表中轻骨料混凝土砌块为煤矸石和水泥煤渣混凝土砌块。

双排孔、多排孔轻骨料混凝土砌块砌体的抗压强度设计值（MPa） 表 2-5

砌块强度等级	砂浆强度等级			砂浆强度
	Mb10	Mb7.5	Mb5	0
MU10	3.08	2.76	2.45	1.44
MU7.5	—	2.13	1.88	1.12
MU5	—	—	1.31	0.78

注：1. 表中的砌块为火山灰、浮石和陶粒轻骨料混凝土砌块；

2. 对厚度方向为双排组砌的轻骨料混凝土砌块砌体的抗压强度设计值，应按表中数值乘以 0.8。

4. 灌孔混凝土砌块砌体

将公式（1-3）按公式（2-4）和公式（2-5）的要求转换为设计值，并考虑混凝土砌块墙体中，清扫检查孔处混凝土受砌块壁的约束程度要差一些的影响，单排孔混凝土砌块对孔砌筑的灌孔砌体的抗压强度设计值，采用下列公式计算：

$$f_g = f + 0.6\alpha f_c \tag{2-6}$$

$$\alpha = \delta\rho \tag{2-7}$$

式中　f_g——灌孔砌体的抗压强度设计值，并不应大于未灌孔砌体抗压强度设计值的 2 倍；

f——未灌孔砌体的抗压强度设计值，应按表 2-4 采用；

f_c——灌孔混凝土的轴心抗压强度设计值；

α——砌块砌体中灌孔混凝土面积和砌体毛面积的比值；

δ——混凝土砌块的孔洞率；

ρ——混凝土砌块砌体的灌孔率，系截面灌孔混凝土面积和截面孔洞面积的比值，ρ 不应小于 33%。

灌孔砌体的抗压强度不仅与块体和砌筑砂浆强度等级有关，灌孔混凝土强度等级和灌孔率还有较大影响，设计时它们的强度应相互匹配，使每种材料的强度得到较为充分的利用。采用上述公式时，还要求砌块砌体的灌孔混凝土强度等级不应低于 Cb20，也不应低于 1.5 倍的块体强度等级。

5. 石砌体

块体高度为 180～350mm 的毛料石砌体的抗压强度设计值 f，应按表 2-6 采用。毛石砌体的抗压强度设计值 f，应按表 2-7 采用。

毛料石砌体的抗压强度设计值（MPa） 表 2-6

毛料石强度等级	砂浆强度等级			砂浆强度
	M7.5	M5	M2.5	0
MU100	5.42	4.80	4.18	2.13
MU80	4.85	4.29	3.73	1.91
MU60	4.20	3.71	3.23	1.65
MU50	3.83	3.39	2.95	1.51
MU40	3.43	3.04	2.64	1.35
MU30	2.97	2.63	2.29	1.17
MU20	2.42	2.15	1.87	0.95

注：对下列各类料石砌体，应按表中数值分别乘以系数：

细料石砌体　1.5；

半细料石砌体　1.3；

粗料石砌体　1.2；

干砌勾缝石砌体　0.8。

毛石砌体的抗压强度设计值（MPa） 表 2-7

毛石强度等级	砂浆强度等级			砂浆强度
	M7.5	M5	M2.5	0
MU100	1.27	1.12	0.98	0.34
MU80	1.13	1.00	0.87	0.30
MU60	0.98	0.87	0.76	0.26
MU50	0.90	0.80	0.69	0.23
MU40	0.80	0.71	0.62	0.21
MU30	0.69	0.61	0.53	0.18
MU20	0.56	0.51	0.44	0.15

在表 2-2 至表 2-7 中列有砂浆强度为零时的砌体抗压强度设计值，它通常是指施工阶段砂浆尚未硬化的新砌砌体的强度取值。

（三）砌体的其他强度设计值

砌体的轴心抗拉、弯曲抗拉和抗剪强度设计值，主要由砂浆强度等级确定。

1. 砌体的轴心抗拉、弯曲抗拉强度设计值

砌体的轴心抗拉强度设计值 f_t 和弯曲抗拉强度设计值 f_{tm}，应按表 2-8 采用。需注意其中块体搭接长度（l）与块体高度（h）之比值的影响。对于用形状规则的块体砌筑的砌体，当 $l/h \geqslant 1.0$ 时取表中数值。但当 $l/h < 1.0$ 时，应考虑其强度的降低，即将表中数值乘以该比值。

沿砌体灰缝截面破坏时砌体的轴心抗拉强度设计值、
弯曲抗拉强度设计值和抗剪强度设计值（MPa） 表 2-8

强度类别	破坏特征及砌体种类		砂浆强度等级			
			≥ M10	M7.5	M5	M2.5
轴心抗拉	 沿齿缝	烧结普通砖、烧结多孔砖	0.19	0.16	0.13	0.09
		蒸压灰砂砖、蒸压粉煤灰砖	0.12	0.10	0.08	0.06
		混凝土砌块	0.09	0.08	0.07	—
		毛石	0.08	0.07	0.06	0.04
弯曲抗拉	 沿齿缝	烧结普通砖、烧结多孔砖	0.33	0.29	0.23	0.17
		蒸压灰砂砖、蒸压粉煤灰砖	0.24	0.20	0.16	0.12
		混凝土砌块	0.11	0.09	0.08	—
		毛石	0.13	0.11		0.07
	 沿通缝	烧结普通砖、烧结多孔砖	0.17	0.14	0.11	0.08
		蒸压灰砂砖、蒸压粉煤灰砖	0.12	0.10	0.08	0.06
		混凝土砌块	0.08	0.06	0.05	—
抗 剪	烧结普通砖、烧结多孔砖		0.17	0.14	0.11	0.08
	蒸压灰砂砖、蒸压粉煤灰砖		0.12	0.10	0.08	0.06
	混凝土和轻骨料混凝土砌块		0.09	0.08	0.06	—
	毛石		0.21	0.19	0.16	0.11

注：1. 对于用形状规则的块体砌筑的砌体，当搭接长度与块体高度的比值小于 1 时，其轴心抗拉强度设计值 f_t 和弯曲抗拉强度设计值 f_{tm} 应按表中数值乘以搭接长度与块体高度比值后采用；

2. 对孔洞率不大于 35% 的双排孔或多排孔轻骨料混凝土砌块砌体的抗剪强度设计值，应按表中混凝土砌块砌体抗剪强度设计值乘以 1.1；

3. 对蒸压灰砂砖、蒸压粉煤灰砖砌体，当有可靠的试验数据时，表中强度设计值，允许作适当调整；

4. 对烧结页岩砖、烧结煤矸石砖、烧结粉煤灰砖砌体，当有可靠的试验数据时，表中强度设计值，允许作适当调整。

2. 砌体抗剪强度设计值

砌体的抗剪强度设计值 f_{vo}，应按表2-8采用。

对于灌孔混凝土砌块砌体，由于还有灌孔混凝土强度等级和灌孔率的影响，其抗剪强度不能只由砂浆强度等级来确定。将公式（1-6）按公式（2-4）和公式（2-5）的要求转换为设计值，得单排孔混凝土砌块对孔砌筑的灌孔砌体的抗剪强度设计值：

$$f_{vg} = 0.2 f_g^{0.55} \tag{2-8}$$

式中　f_{vg}——灌孔混凝土砌块砌体抗剪强度设计值；

　　　f_g——灌孔混凝土砌块砌体抗压强度设计值，按公式（2-6）和公式（2-7）计算。

（四）砌体强度设计值调整系数

以上所述砌体强度设计值，依据主要影响因素而确定，但对于实际结构中的砌体仍有一些因素未考虑在内。为了进一步确保砌体结构的安全与经济、合理，需将上述砌体强度设计值 f 乘以下列调整系数 γ_a，即取 $\gamma_a f$ 为设计计算上最终采用的砌体强度设计值。γ_a 应按表2-9的规定采用。

砌体强度设计值调整系数　　　　　　　　　　　表2-9

项　目	砌　体　所　处　工　作　情　况		γ_a
1	有吊车房屋的砌体		0.9
	跨度不小于9m的梁下烧结普通砖砌体		
	跨度不小于7.2m的梁下烧结多孔砖、蒸压灰砂砖、蒸压粉煤灰砖砌体、混凝土和轻骨料混凝土砌块砌体		
2	无筋砌体构件截面面积 $A < 0.3 m^2$	对砌体的局部受压，不考虑此项影响	$A + 0.7$
	配筋砌体构件，当其中砌体构件截面面积 $A < 0.2 m^2$		$A + 0.8$
3	水泥砂浆砌筑的砌体 对表2-2～2-7的强度值	配筋砌体构件中，仅对砌体的强度设计值乘 γ_a	0.9
	对表2-8的强度值		0.8
4	施工质量控制等级为C级	配筋砌体不得采用C级	0.89
5	验算施工中房屋的构件		1.1

表2-9中第4项采用的系数是因材料性能分项系数的改变而得，即 $\gamma_a = 1.6/1.8 = 0.89$。

第二节　无筋砌体受压构件承载力计算

无筋砌体受压构件是混合结构房屋基本的受力构件，如窗间墙、柱等。根据轴向压力作用在截面位置的不同，可分为轴心受压构件、单向偏心受压构件以及双向偏心受压构件。根据高厚比的不同，受压构件又可分为短柱（$\beta \leqslant 3$）和长柱（$\beta > 3$）。工程中绝大部分的受压构件属长柱，需考虑纵向弯曲对构件承载力的不利影响。

一、单向偏心受压短柱承载力计算

图2-1为单向偏心受压短柱截面，假设砌体为匀质弹性体，按材料力学，离轴向力 N 较近一侧截面边缘的压应力为：

$$\sigma = \frac{N}{A} + \frac{Ne}{I}y = \frac{N}{A}\left(1 + \frac{ey}{i^2}\right) \tag{2-9}$$

当 $\sigma = f_m$ 时，该柱承受的轴向压力 N 为：

$$N = \frac{f_m A}{1 + \frac{ey}{i^2}} \tag{2-10}$$

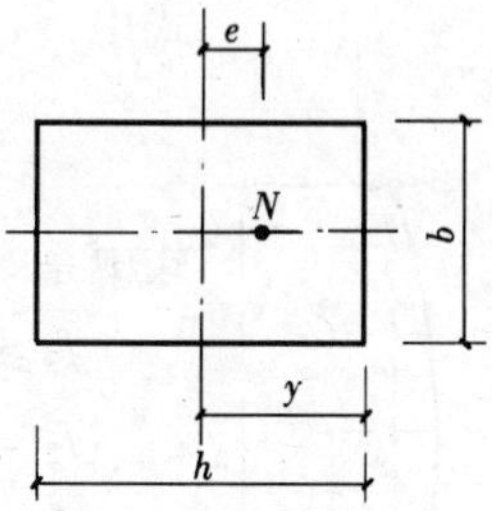

图 2-1 轴向压力在
截面上的位置

式中　e——轴向力的偏心距；

　　A、i——分别为砌体截面面积和回转半径；

　　　y——截面重心至轴向力所在偏心方向截面边缘的距离。

令

$$\alpha_1 = \frac{N}{f_m A} \tag{2-11}$$

其中，Af_m 为轴心受压短柱的承载力。由式（2-11）可知，α_1 反映了偏心距对砌体受压承载力的影响，随着偏心距 e 增大，α_1 将减小（$\alpha_1 \leqslant 1$），因此 α_1 称为按材料力学公式计算的砌体偏心影响系数。

砌体受压试验表明，按上述方法计算的砌体受压短柱的承载力比试验值低。其主要原因是砌体具有弹塑性性质，偏心受压时更加明显，加之砌体内存在局部受压现象，公式（2-9）～（2-11）未体现这些因素对砌体受压承载力的影响。

基于国内大量的试验资料并经统计分析，砌体受压时的偏心影响系数按下式计算：

$$\alpha = \frac{1}{1 + \left(\frac{e}{i}\right)^2} \tag{2-12}$$

对于矩形截面砌体，

$$\alpha = \frac{1}{1 + 12\left(\frac{e}{h}\right)^2} \tag{2-12a}$$

对于 T 形截面砌体，

$$\alpha = \frac{1}{1 + 12\left(\frac{e}{h_T}\right)^2} \tag{2-12b}$$

式中　h_T——T 形截面的折算厚度，$h_T = 3.5i$。

二、单向偏心受压长柱承载力计算

如图 2-2 所示的单向偏心受压长柱，承受偏心压力 N 作用时，由于受纵向弯曲的影响产生附加偏心距 e_i，从而使得荷载偏心距由原来的 e 增大到（$e + e_i$）。若将（$e + e_i$）代替公式（2-12）中的原偏心距 e，则受压长柱考虑纵向弯曲和偏心距影响的系数为：

$$\varphi = \frac{1}{1 + \left(\frac{e + e_i}{i}\right)^2} \tag{2-13}$$

式中　e_i——附加偏心距。

附加偏心距可根据边界条件确定，即 $e = 0$ 时，$\varphi = \varphi_0$。将 $e = 0$ 代入式（2-13），则

$$e_i = i\sqrt{\frac{1}{\varphi_0} - 1} \tag{2-14}$$

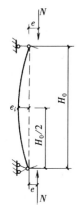

图 2-2 单向
偏心受压长柱

式中，φ_0 为轴心受压构件的稳定系数，可按下式计算：

$$\varphi_0 = \frac{1}{1 + \eta\beta^2} \qquad (2\text{-}15)$$

式中系数 η 按砂浆强度等级确定，即

$f_2 \geqslant 5\text{MPa}$ 时，$\eta = 0.0015$；

$f_2 = 2.5\text{MPa}$ 时，$\eta = 0.002$；

$f_2 = 0$ 时，$\eta = 0.009$。

将 c_i 值代回式（2-13），可确定任意截面单向偏心受压构件承载力的影响系数，

$$\varphi = \frac{1}{1 + \left[\dfrac{e}{i} + \sqrt{\dfrac{1}{\varphi_0} - 1}\right]^2} \qquad (2\text{-}16)$$

对于矩形截面构件，$i = h/\sqrt{12}$，则

$$e_i = \frac{h}{\sqrt{12}}\sqrt{\frac{1}{\varphi_0} - 1} \qquad (2\text{-}17)$$

从而得到高厚比和轴向力的偏心距对单向偏心受压构件承载力的影响系数的计算公式：

$$\varphi = \frac{1}{1 + 12\left[\dfrac{e}{h} + \sqrt{\dfrac{1}{12}\left(\dfrac{1}{\varphi_0} - 1\right)}\right]^2} \qquad (2\text{-}18)$$

对于 T 形截面构件，仍可按式（2-18）计算 φ，此时以折算厚度 h_T 代替 h。

由上述分析，无筋砌体受压构件的承载力应按下式计算：

$$N \leqslant \varphi fA \qquad (2\text{-}19)$$

式中 N——轴向力设计值；

φ——高厚比 β 和轴向力的偏心距 e 对受压构件承载力的影响系数，按式（2-18）计算或查表 2-10 ~ 2-12；

f——砌体抗压强度设计值；

A——截面面积，对各类砌体均应按毛截面计算；对带壁柱墙，其翼缘宽度详见第三章第二节的规定。

影响系数 φ（砂浆强度等级 $\geqslant$ M5）　　　　　　　　　　表 2-10

β	$\dfrac{e}{h}$ 或 $\dfrac{e}{h_T}$						
	0	0.025	0.05	0.075	0.1	0.125	0.15
$\leqslant 3$	1	0.99	0.97	0.94	0.89	0.84	0.79
4	0.98	0.95	0.90	0.85	0.80	0.74	0.69
6	0.95	0.91	0.86	0.81	0.75	0.69	0.64
8	0.91	0.86	0.81	0.76	0.70	0.64	0.59
10	0.87	0.82	0.76	0.71	0.65	0.60	0.55
12	0.82	0.77	0.71	0.66	0.60	0.55	0.51
14	0.77	0.72	0.66	0.61	0.56	0.51	0.47
16	0.72	0.67	0.61	0.56	0.52	0.47	0.44
18	0.67	0.62	0.57	0.52	0.48	0.44	0.40
20	0.62	0.57	0.53	0.48	0.44	0.40	0.37

β	$\dfrac{e}{h}$ 或 $\dfrac{e}{h_T}$						
	0	0.025	0.05	0.075	0.1	0.125	0.15
22	0.58	0.53	0.49	0.45	0.41	0.38	0.35
24	0.54	0.49	0.45	0.41	0.38	0.35	0.32
26	0.50	0.46	0.42	0.38	0.35	0.33	0.30
28	0.46	0.42	0.39	0.36	0.33	0.30	0.28
30	0.42	0.39	0.36	0.33	0.31	0.28	0.26

β	$\dfrac{e}{h}$ 或 $\dfrac{e}{h_T}$					
	0.175	0.2	0.225	0.25	0.275	0.3
≤3	0.73	0.68	0.62	0.57	0.52	0.48
4	0.64	0.58	0.53	0.49	0.45	0.41
6	0.59	0.54	0.49	0.45	0.42	0.38
8	0.54	0.50	0.46	0.42	0.39	0.36
10	0.50	0.46	0.42	0.39	0.36	0.33
12	0.47	0.43	0.39	0.36	0.33	0.31
14	0.43	0.40	0.36	0.34	0.31	0.29
16	0.40	0.37	0.34	0.31	0.29	0.27
18	0.37	0.34	0.31	0.29	0.27	0.25
20	0.34	0.32	0.29	0.27	0.25	0.23
22	0.32	0.30	0.27	0.25	0.24	0.22
24	0.30	0.28	0.26	0.24	0.22	0.21
26	0.28	0.26	0.24	0.22	0.21	0.19
28	0.26	0.24	0.22	0.21	0.19	0.18
30	0.24	0.22	0.21	0.20	0.18	0.17

影响系数 φ（砂浆强度等级≥M2.5）　　　　　　表 2-11

β	$\dfrac{e}{h}$ 或 $\dfrac{e}{h_T}$						
	0	0.025	0.05	0.075	0.1	0.125	0.15
≤3	1	0.99	0.97	0.94	0.89	0.84	0.79
4	0.97	0.94	0.89	0.84	0.78	0.73	0.67
6	0.93	0.89	0.84	0.78	0.73	0.67	0.62
8	0.89	0.84	0.78	0.72	0.67	0.62	0.57
10	0.83	0.78	0.72	0.67	0.61	0.56	0.52
12	0.78	0.72	0.67	0.61	0.56	0.52	0.47
14	0.72	0.66	0.61	0.56	0.51	0.47	0.43
16	0.66	0.61	0.56	0.51	0.47	0.43	0.40
18	0.61	0.56	0.51	0.47	0.43	0.40	0.36
20	0.56	0.51	0.47	0.43	0.39	0.36	0.33
22	0.51	0.47	0.43	0.39	0.36	0.33	0.31
24	0.46	0.43	0.39	0.36	0.33	0.31	0.28
26	0.42	0.39	0.36	0.33	0.31	0.28	0.26
28	0.39	0.36	0.33	0.30	0.28	0.26	0.24
30	0.36	0.33	0.30	0.28	0.26	0.24	0.22

β	$\dfrac{e}{h}$ 或 $\dfrac{e}{h_T}$					
	0.175	0.2	0.225	0.25	0.275	0.3
≤3	0.73	0.68	0.62	0.57	0.52	0.48
4	0.62	0.57	0.52	0.48	0.44	0.40
6	0.57	0.52	0.48	0.44	0.40	0.37
8	0.52	0.48	0.44	0.40	0.37	0.34
10	0.47	0.43	0.40	0.37	0.34	0.31
12	0.43	0.40	0.37	0.34	0.31	0.29
14	0.40	0.36	0.34	0.31	0.29	0.27
16	0.36	0.34	0.31	0.29	0.26	0.25
18	0.33	0.31	0.29	0.26	0.24	0.23
20	0.31	0.28	0.26	0.24	0.23	0.21
22	0.28	0.26	0.24	0.23	0.21	0.20
24	0.26	0.24	0.23	0.21	0.20	0.18
26	0.24	0.22	0.21	0.20	0.18	0.17
28	0.22	0.21	0.20	0.18	0.17	0.16
30	0.21	0.20	0.18	0.17	0.16	0.15

影响系数 φ（砂浆强度 0）　　　　　　　　　　表 2-12

β	$\dfrac{e}{h}$ 或 $\dfrac{e}{h_T}$						
	0	0.025	0.05	0.075	0.1	0.125	0.15
≤3	1	0.99	0.97	0.94	0.89	0.84	0.79
4	0.87	0.82	0.77	0.71	0.66	0.60	0.55
6	0.76	0.70	0.65	0.59	0.54	0.50	0.46
8	0.63	0.58	0.54	0.49	0.45	0.41	0.38
10	0.53	0.48	0.44	0.41	0.37	0.34	0.32
12	0.44	0.40	0.37	0.34	0.31	0.29	0.27
14	0.36	0.33	0.31	0.28	0.26	0.24	0.23
16	0.30	0.28	0.26	0.24	0.22	0.21	0.19
18	0.26	0.24	0.22	0.21	0.19	0.18	0.17
20	0.22	0.20	0.19	0.18	0.17	0.16	0.15
22	0.19	0.18	0.16	0.15	0.14	0.14	0.13
24	0.16	0.15	0.14	0.13	0.13	0.12	0.11
26	0.14	0.13	0.13	0.12	0.11	0.11	0.10
28	0.12	0.12	0.11	0.11	0.10	0.10	0.09
30	0.11	0.10	0.10	0.09	0.09	0.09	0.08

β	$\dfrac{e}{h}$ 或 $\dfrac{e}{h_T}$					
	0.175	0.2	0.225	0.25	0.275	0.3
≤3	0.73	0.68	0.62	0.57	0.52	0.48
4	0.51	0.46	0.43	0.39	0.36	0.33
6	0.42	0.39	0.36	0.33	0.30	0.28
8	0.35	0.32	0.30	0.28	0.25	0.24
10	0.29	0.27	0.25	0.23	0.22	0.20
12	0.25	0.23	0.21	0.20	0.19	0.17
14	0.21	0.20	0.18	0.17	0.16	0.15
16	0.18	0.17	0.16	0.15	0.14	0.13
18	0.16	0.15	0.14	0.13	0.12	0.12
20	0.14	0.13	0.12	0.12	0.11	0.10
22	0.12	0.12	0.11	0.10	0.10	0.09
24	0.11	0.10	0.10	0.09	0.09	0.08
26	0.10	0.09	0.09	0.08	0.08	0.07
28	0.09	0.08	0.08	0.08	0.07	0.07
30	0.08	0.07	0.07	0.07	0.07	0.06

在应用式（2-19）时，应注意以下几点：

（1）轴向力偏心距限值应满足要求。

对于偏心距较大的受压构件，当荷载较大时，截面受拉边易出现水平裂缝，使截面受压区减小，构件刚度降低，纵向弯曲的不利影响增大，构件承载力将明显降低。从经济和安全角度，按式（2-19）进行承载力计算时，轴向力偏心距不应过大，应满足下列限值要求，即：

$$e \leqslant 0.6y \tag{2-20}$$

式中，轴向力的偏心距 e 按内力设计值计算；截面重心至轴向力所在偏心方向截面边缘的距离 y 如图 2-3 所示。

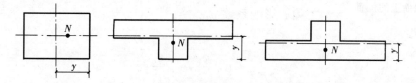

图 2-3　截面 y 的取值

（2）当轴向力偏心距超过上述限值时，应采取适当措施以减小偏心距，如设置缺口垫块，或增大构件截面尺寸，甚至采取其他结构形式。

（3）不同种类砌体在受压性能上存在差异，因此在计算影响系数 φ 或查表时，应先对构件高厚比 β 加以修正，按下列公式确定：

对矩形截面

$$\beta = \gamma_\beta \frac{H_0}{h} \tag{2-21}$$

对 T 形截面

$$\beta = \gamma_\beta \frac{H_0}{h_T} \tag{2-22}$$

式中　γ_β——不同砌体材料构件的高厚比修正系数，按表 2-13 采用；

　　　H_0——受压构件的计算高度，按表 3-3 确定；

　　　h——矩形截面轴向力偏心方向的边长，当轴心受压时为截面较小边长；

　　　h_T——T 形截面的折算厚度，可近似按 $h_T = 3.5i$ 计算；

　　　i——截面回转半径。

高 厚 比 修 正 系 数 γ_β　　　　　　　　　　　　　　　　　表 2-13

砌体材料类别	γ_β
烧结普通砖、烧结多孔砖	1.0
混凝土及轻骨料混凝土砌块	1.1
蒸压灰砂砖、蒸压粉煤灰砖、细料石、半细料石	1.2
粗料石、毛石	1.5

注：对灌孔混凝土砌块砌体，γ_β 取 1.0。

（4）对于矩形截面构件，当轴向力偏心方向的截面边长大于另一方向的边长时，除了

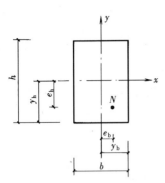

图 2-4 轴向压力在
截面上的位置

按偏心受压计算平面内承载力外，尚应按轴心受压验算平面外承载力，以确保 $N \leqslant \varphi_0 f A$。其中 φ_0 可在表 2-10 ~ 2-12 中 e/h（或 e/h_T）= 0 的栏内查得，或按式（2-15）计算。

三、双向偏心受压短柱承载力计算

当轴向压力 N 作用于图 2-4 所示截面上的某点时，假设砌体为匀质弹性体，运用材料力学的叠加原理，截面受压边缘的压应力：

$$\sigma = \frac{N}{A} + \frac{Ne_\mathrm{h}}{I_\mathrm{y}} y_\mathrm{h} + \frac{Ne_\mathrm{b}}{I_\mathrm{x}} y_\mathrm{b} \tag{2-23}$$

当 $\sigma = f_\mathrm{m}$ 时，由式（2-23）可得矩形截面的按材料力学计算的偏心影响系数 α_1：

$$\alpha_1 = \frac{1}{1 + \dfrac{e_\mathrm{h}}{i_\mathrm{y}^2} y_\mathrm{h} + \dfrac{e_\mathrm{b}}{i_\mathrm{x}^2} y_\mathrm{b}} \tag{2-24}$$

由于按式（2-24）计算的双向偏心受压砌体的承载力低于试验值，为此引入 $e_\mathrm{h}/y_\mathrm{h}$、$e_\mathrm{b}/y_\mathrm{b}$，对式（2-24）进行修正，即得双向偏心受压时的偏心影响系数：

$$\alpha = \frac{1}{1 + \left(\dfrac{e_\mathrm{h}}{i_\mathrm{y}}\right)^2 + \left(\dfrac{e_\mathrm{b}}{i_\mathrm{x}}\right)^2} \tag{2-25}$$

式中　e_b、e_h——轴向力在截面重心 x 轴、y 轴方向的偏心距；

　　　　i_x、i_y——分别为截面绕中和轴 x、y 的回转半径，对于矩形截面分别取 $b/\sqrt{12}$、$h/\sqrt{12}$；

　　　　y_b、y_h——分别为截面重心沿 x 轴、y 轴至轴向力所在偏心方向截面边缘的距离。

四、双向偏心受压长柱承载力计算

如图 2-5 所示的双向偏心受压长柱，由于纵向弯曲的影响产生附加偏心距 e_h、e_b，从而使得荷载偏心距由原来的 e_h、e_b 分别增至 $(e_\mathrm{h} + e_{ih})$、$(e_\mathrm{b} + e_{ib})$。若将 $(e_\mathrm{h} + e_{ih})$、$(e_\mathrm{b} + e_{ib})$ 代替式（2-25）中的 e_h、e_b，则双向偏心受压长柱考虑纵向弯曲和偏心距影响系数为：

$$\varphi = \frac{1}{1 + \left(\dfrac{e_\mathrm{h} + e_{ih}}{i_\mathrm{y}}\right)^2 + \left(\dfrac{e_\mathrm{b} + e_{ib}}{i_\mathrm{x}}\right)^2} \tag{2-26}$$

对于矩形截面构件，式（2-26）即为：

$$\varphi = \frac{1}{1 + 12\left[\left(\dfrac{e_\mathrm{h} + e_{ih}}{h}\right)^2 + \left(\dfrac{e_\mathrm{b} + e_{ib}}{b}\right)^2\right]} \tag{2-27}$$

上式应同时满足下列边界条件，即沿 h 方向产生单向偏心受压时（$e_\mathrm{b} = 0$）：

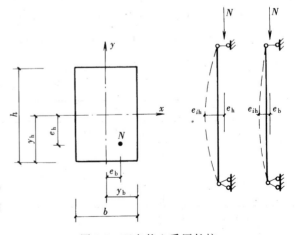

图 2-5　双向偏心受压长柱

$$\varphi = \cfrac{1}{1 + 12\left(\cfrac{e_h + e_{ih}}{h}\right)^2}$$

当 $e_h = 0$ 时，$\varphi = \varphi_0$，可得：

$$e_{ih} = \frac{h}{\sqrt{12}}\sqrt{\frac{1}{\varphi_0} - 1} \qquad (2\text{-}28)$$

沿 b 方向考虑时，同理可得：

$$e_{ib} = \frac{b}{\sqrt{12}}\sqrt{\frac{1}{\varphi_0} - 1} \qquad (2\text{-}29)$$

根据试验结果，对式（2-28）、（2-29）进行修正后，附加偏心距可按下式计算：

$$e_{ih} = \frac{h}{\sqrt{12}}\sqrt{\frac{1}{\varphi_0} - 1}\left(\frac{e_h/h}{e_h/h + e_b/b}\right) \qquad (2\text{-}30)$$

$$e_{ib} = \frac{b}{\sqrt{12}}\sqrt{\frac{1}{\varphi_0} - 1}\left(\frac{e_b/b}{e_h/h + e_b/b}\right) \qquad (2\text{-}31)$$

将式（2-30）、（2-31）代入式（2-27），得到双向偏心受压构件承载力影响系数 φ，然后按式（2-19）计算无筋砌体矩形截面双向偏心受压构件的承载力。

按式（2-27）确定的影响系数，不但与试验结果吻合较好，物理概念清楚，亦适用于轴心受压、单向偏心受压的特定情况。

根据双向偏心受压的破坏特征不难发现，双向偏心受压状态较单向偏心受压状态更加不利，因此应更加严格限制其偏心距。应用公式（2-27）时，轴向力在截面重心 x 轴、y 轴方向的偏心距 e_b、e_h 宜分别不大于 $0.25b$ 和 $0.25h$。

分析表明：当一个方向的偏心率（e_b/b 或 e_h/h）不大于另一个方向的偏心率（e_h/h 或 e_b/b）的 5% 时，双向偏心受压构件承载力与单向偏心受压构件承载力十分接近（相差在 5% 以内）。为简化起见，可按另一个方向的单向偏心受压（e_h/h 或 e_b/b）进行计算。

【例题 2-1】 某承受轴心压力的砖柱，截面尺寸为 $370\text{mm} \times 490\text{mm}$，设计时采用烧结页岩砖 MU10、水泥混合砂浆 M2.5 砌筑，施工质量控制等级为 B 级，柱顶截面承受的轴心压力设计值为 180kN，柱的计算高度为 3.6m。试核算该柱的承载力。如果施工质量控制等级改为 C 级，情况如何？

【解】 砖柱自重设计值为 $1.2 \times 18 \times 0.37 \times 0.49 \times 3.6 = 14.1\text{kN}$，柱底截面上的轴心压力设计值 $N = 180 + 14.1 = 194.1\text{kN}$。

由式（2-21）和表 2-13，砖柱高厚比 $\beta = \gamma_\beta \dfrac{H_0}{b} = 1 \times \dfrac{3.6}{0.37} = 9.73$。查表 2-11，$\varphi = 0.84$。

由表 2-2 和表 2-9 的规定，$A = 0.37 \times 0.49 = 0.181\text{m}^2 < 0.3\text{m}^2$，$\gamma_a = 0.7 + A = 0.7 + 0.181 = 0.881$，应取 $f = 0.881 \times 1.30 = 1.145\text{MPa}$。

按式（2-19），$\varphi f A = 0.84 \times 1.145 \times 0.181 \times 10^3 = 174.1\text{kN} < 194.1\text{kN}$，该柱承载力不够。

现改用 M5 水泥混合砂浆砌筑，则 $f = 0.881 \times 1.50 = 1.322\text{MPa}$。

查表 2-10，$\varphi = 0.88$。

按式（2-19），$\varphi f A = 0.88 \times 1.322 \times 0.181 \times 10^3 = 210.6\text{kN} > 194.1\text{kN}$，此时该柱承载力足够。

若该砖柱的施工质量控制等级改为 C 级，则承载力计算中还应计入砌体强度设计值的调整系数 0.89（表 2-9），因而

$\varphi f A = 0.88 \times 0.89 \times 1.322 \times 0.181 \times 10^3 = 187.43\text{kN} < 194.1\text{kN}$，此时该柱承载力不够，需提高材料强度等级或增大柱截面尺寸。现改用 M7.5 水泥混合砂浆，此时 $\varphi f A = 0.88 \times 0.89 \times 1.69 \times 0.181 \times 10^3 = 239.6\text{kN} > 194.1\text{kN}$，满足要求。表明降低施工质量控制等级势必增加造价，不经济。

【例题 2-2】 某窗间墙截面尺寸为 1200mm × 190mm，采用单排孔混凝土小型空心砌块 MU10、Mb5 水泥混合砂浆对孔砌筑，施工质量控制等级为 B 级，墙的计算高度为 2.9m，承受轴向压力设计值为 159kN，沿墙厚方向荷载偏心距为 40mm。试核算该窗间墙的承载力。

【解】 由表 2-4 和表 2-9 的规定，$A = 1.2 \times 0.19 = 0.228\text{m}^2 < 0.3\text{m}^2$，$\gamma_a = 0.7 + A = 0.7 + 0.228 = 0.928$，取 $f = 0.928 \times 2.22 = 2.06\text{MPa}$。

由式（2-21）和表 2-13，窗间墙高厚比 $\beta = \gamma_\beta \dfrac{H_0}{l} = 1.1 \times \dfrac{2.9}{0.19} = 16.8$。

$\dfrac{e}{h} = \dfrac{40}{190} = 0.21$，$\dfrac{e}{y} = \dfrac{40}{95} = 0.42 < 0.6$。

查表 2-10，$\varphi = 0.358$。

按式（2-19），$\varphi f A = 0.358 \times 2.06 \times 0.228 \times 10^3 = 168.1\text{kN} > 159\text{kN}$，该墙安全。

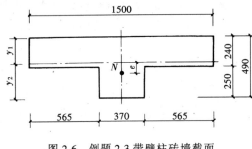

图 2-6　例题 2-3 带壁柱砖墙截面

【例题 2-3】 某教学楼带壁柱的窗间墙，截面尺寸如图 2-6 所示，采用烧结多孔砖 MU10（孔洞率为 28%）、水泥混合砂浆 M2.5 砌筑，施工质量控制等级为 B 级。窗间墙的计算高度为 3.6m，承受的轴向压力设计值 N 为 240kN，弯矩设计值为 22.9kN·m（弯矩方向是壁柱受压、墙体外侧受拉）。试核算该墙体的承载力。

【解】 1. 截面几何特征计算

截面面积　$A = 1.5 \times 0.24 + 0.25 \times 0.37 = 0.4525\text{m}^2$；

截面重心位置　$y_1 = \dfrac{1.5 \times 0.24 \times 0.12 + 0.25 \times 0.37 \times 0.365}{0.4525} = 0.17\text{m}$，

$$y_2 = 0.49 - 0.17 = 0.32\text{m}；$$

截面惯性矩　$I = \dfrac{1}{3} \times 1.5 \times 0.17^3 + \dfrac{1}{3} \times (1.5 - 0.37) \times (0.24 - 0.17)^3 + \dfrac{1}{3} \times 0.37 \times 0.32^3 = 0.006627\text{m}^4$；

截面回转半径　$i = \sqrt{\dfrac{I}{A}} = \sqrt{\dfrac{0.006627}{0.4525}} = 0.121\text{m}$；

T 形截面的折算厚度　$h_T = 3.5i = 3.5 \times 0.121 = 0.424\text{m}$。

2. 偏心距计算

$$e = \frac{M}{N} = \frac{22.9 \times 10^3}{240} = 95.4 \text{mm};$$

$$\frac{e}{h_\text{T}} = \frac{95.4}{424} = 0.225, \quad \frac{e}{y_2} = \frac{95.4}{320} = 0.298 < 0.6。$$

3. 承载力验算

由式（2-21）和表 2-13，$\beta = \gamma_\beta \frac{H_0}{h_\text{T}} = 1 \times \frac{3.6}{0.424} = 8.49$。查表 2-11，$\varphi = 0.43$。

由表 2-2 和表 2-9 的规定，$\gamma_\text{a} = 1.0$，取 $f = 1.3 \text{MPa}$

按式（2-19），$\varphi f A = 0.43 \times 1.3 \times 0.4525 \times 10^3 = 252.95 \text{kN} > 240 \text{kN}$，该墙安全。

【例题 2-4】 某窗间墙截面尺寸为 1200mm × 190mm，采用混凝土小型空心砌块 MU10（砌块孔洞率 46%）、水泥混合砂浆 Mb5 砌筑，沿砌块孔洞每隔 1 孔灌筑 Cb20 混凝土，施工质量控制等级为 B 级。墙的计算高度 3.9m，轴向力的偏心距为 50mm。试计算该墙的承载力。

【解】 按式（2-21）和表 2-13，混凝土砌块墙的高厚比 $\beta = \gamma_\beta \frac{H_0}{h} = 1.0 \times \frac{3.9}{0.19} = 20.5$。

$$\frac{e}{h} = \frac{50}{190} = 0.26, \quad \frac{e}{y} = \frac{50}{95} = 0.52 < 0.6。$$

查表 2-10，$\varphi = 0.26$。

由表 2-4 和表 2-9 的规定，$\gamma_\text{a} = 0.7 + A = 0.7 + 1.2 \times 0.19 = 0.928$，$f = 0.928 \times 2.22 = 2.06$。

由式（2-6）和式（2-7），单排孔混凝土砌块对孔砌筑的灌孔砌体的抗压强度，$f_\text{g} = f + 0.6 \delta p f_\text{c} = 2.06 + 0.6 \times 0.46 \times 0.5 \times 9.6 = 3.39 \text{MPa} < 2f$，

按式（2-19），该墙的承载力为 $N = \varphi f_\text{g} A = 0.26 \times 3.39 \times 1.2 \times 0.19 \times 10^3 = 201.0 \text{kN}$。

【例题 2-5】 某毛石墙厚度为 400mm，采用毛石 MU20、水泥砂浆 M5 砌筑，施工质量控制等级为 B 级，墙的计算高度为 4.2m。试计算该墙轴心受压时的承载力。

【解】 按式（2-21）和表 2-13，毛石墙的高厚比 $\beta = \gamma_\beta \frac{H_0}{h} = 1.5 \times \frac{4.2}{0.4} = 15.8$。查表 2-10，$\varphi = 0.73$。

由表 2-7 和表 2-9 的规定，$\gamma_\text{a} = 0.9$，$f = 0.9 \times 0.51 = 0.459 \text{MPa}$。

按式（2-19），该墙轴心受压时的承载力为 $N = \varphi f A = 0.73 \times 0.459 \times 0.4 \times 10^3 = 134.0 \text{kN/m}$。

【例题 2-6】 某矩形截面砖柱，截面尺寸为 490mm × 620mm，采用烧结普通砖 MU10、水泥混合砂浆 M5 砌筑，施工质量控制等级为 B 级，柱的计算高度为 4.5m，作用于柱上的轴向力设计值为 160kN，轴向力的偏心距 $e_\text{b} = 100 \text{mm}$，$e_\text{h} = 140 \text{mm}$（图 2-7）。试验算该柱的承载力。

【解】 由式（2-21）和表 2-13，$\beta = 1.0 \times \frac{4.5}{0.49} = 9.2$。查表 2-10，$\varphi_0 = 0.886$。

$$\frac{e_\text{b}}{b} = \frac{100}{490} = 0.204, \quad 0.25b = 0.25 \times 490 = 122.5 \text{mm} > 100 \text{mm}。$$

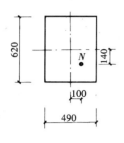

图 2-7　例题 2-6
柱截面

$$\frac{e_h}{h} = \frac{140}{620} = 0.226, \quad 0.25h = 0.25 \times 620 = 155\text{mm} > 140\text{mm}。$$

由式（2-30），

$$e_{ib} = \frac{h}{\sqrt{12}}\sqrt{\frac{1}{\varphi_0} - 1}\left(\frac{e_h/h}{e_h/h + e_b/b}\right)$$

$$= \frac{620}{\sqrt{12}}\sqrt{\frac{1}{0.886} - 1}\left(\frac{0.226}{0.226 + 0.204}\right)$$

$$= 33.8\text{mm};$$

由式（2-31），

$$e_{ib} = \frac{b}{\sqrt{12}}\sqrt{\frac{1}{\varphi_0} - 1}\left(\frac{e_b/b}{e_h/h + e_b/b}\right)$$

$$= \frac{490}{\sqrt{12}}\sqrt{\frac{1}{0.886} - 1}\left(\frac{0.204}{0.226 + 0.204}\right)$$

$$= 24.1\text{mm};$$

由式（2-27）

$$\varphi = \frac{1}{1 + 12\left[\left(\dfrac{e_h + e_{ih}}{h}\right)^2 + \left(\dfrac{e_b + e_{ib}}{b}\right)^2\right]}$$

$$= \frac{1}{1 + 12\left[\left(\dfrac{140 + 33.8}{620}\right)^2 + \left(\dfrac{100 + 24.1}{490}\right)^2\right]}$$

$$= 0.369。$$

$A = 0.49 \times 0.62 = 0.3038\text{m}^2 > 0.3\text{m}^2$，$\gamma_a = 1.0$，查表 2-2，$f = 1.5\text{MPa}$。

按式（2-19），$\varphi f A = 0.369 \times 1.5 \times 0.3038 \times 10^3 = 168.2\text{kN} > 160\text{kN}$，该柱安全。

第三节　无筋砌体局部受压承载力计算

一、砌体局部均匀受压

1. 局部抗压强度提高系数

砌体受到局部荷载作用时，由于"套箍强化"或"力的扩散"，其局部抗压强度大于一般情况下的抗压强度。砌体抗压强度设计值为 f 时，砌体的局部抗压强度可取为 γf，其中 $\gamma > 1$，称为局部抗压强度提高系数。

砌体局部抗压强度提高系数 γ 与局部受压砌体所处的位置、受周边砌体约束的程度有关，根据试验结果，局部抗压强度提高系数 γ 可按下式计算：

$$\gamma = 1 + 0.35\sqrt{\frac{A_0}{A_l} - 1} \tag{2-32}$$

式中　γ——砌体局部抗压强度提高系数；

$\quad\quad A_l$——局部受压面积；

$\quad\quad A_0$——影响砌体局部抗压强度的计算面积，可按图 2-8 确定。

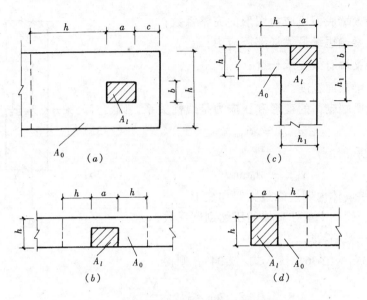

图 2-8　影响局部抗压强度的计算面积 A_0

为了避免发生突然的脆性破坏，按图 2-8 确定影响局部抗压强度的计算面积 A_0 所计算的 γ 值尚不应超过下列限值。

（1）在图 2-8（a）的情况下，$\gamma \leqslant 2.5$；

（2）在图 2-8（b）的情况下，$\gamma \leqslant 2.0$；

（3）在图 2-8（c）的情况下，$\gamma \leqslant 1.5$；

（4）在图 2-8（d）的情况下，$\gamma \leqslant 1.25$。

对多孔砖砌体和按构造要求灌孔的混凝土砌块砌体，在（1）、（2）、（3）款的情况下，尚应符合 $\gamma \leqslant 1.5$。对于未灌孔的混凝土砌块砌体，$\gamma = 1.0$。

2. 砌体截面中受局部均匀压力时的承载力计算

砌体截面中受局部均匀压力时的承载力应按下式计算：

$$N_l \leqslant \gamma f A_l \tag{2-33}$$

式中　N_l——局部受压面积上的轴向力设计值；

　　　γ——砌体局部抗压强度提高系数，按式（2-32）计算，并应符合上述限值的要求；

　　　f——砌体抗压强度设计值；

　　　A_l——局部受压面积。

二、梁端支承处砌体的局部受压

1. 梁端有效支承长度

梁端支承于砌体上时，由于梁本身的弯曲变形和支承处砌体压缩变形的共同影响，梁的末端存在与砌体脱开的趋势，如图 2-9 所示，并称梁端底面与砌体接触的长度为梁端有效支承长度 a_0。由此可见，梁端有效支承长度 a_0 并不一定等同梁端实际支承长度 a，a_0 与局部受压荷载的大小、梁的刚度以及砌体的刚度等因素有关。

　　假设　　　　　　　　　　$N_l = \eta \sigma_{l\max} a_0 b \tag{2-34}$

式中　N_l——梁端支承压力设计值（kN）；

η——梁端底面压应力图形的完整系数；

$\sigma_{l\max}$——梁端边缘最大局部压应力；

a_0——梁端有效支承长度；

b——梁截面宽度。

同时假设梁端砌体的变形和压应力呈线性关系，则

$$\sigma_{l\max} = k y_{\max} \qquad (2\text{-}35)$$

由几何关系，

$$y_{\max} = a_0 \tan\theta \qquad (2\text{-}36)$$

式中　$y_{\max}$——墙体内侧边缘最大竖向变形；

　　　k——梁端支承处砌体的压缩刚度系数；

　　　θ——梁端转角。

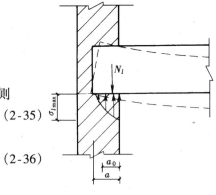

图 2-9　梁端变形

将式（2-35）、（2-36）代入式（2-34），则得：

$$a_0 = \sqrt{\frac{N_l}{\eta k b \tan\theta}} \qquad (2\text{-}37)$$

根据试验结果，ηk 与砌体抗压强度设计值 f 呈线性关系，取 $\eta k = 0.692 f$（mm^{-1}）。当 N_l 的单位取 kN、f 的单位取 MPa，代入式（2-37），可得：

$$a_0 = \sqrt{\frac{1000 N_l}{0.692 b f \tan\theta}} = 38 \sqrt{\frac{N_l}{b f \tan\theta}} \qquad (2\text{-}38)$$

对于承受均布荷载作用的一般跨度的钢筋混凝土简支梁，经简化可按下列公式计算梁端有效支承长度：

$$a_0 = 10 \sqrt{\frac{h_c}{f}} \qquad (2\text{-}39)$$

通常情况下，式（2-39）与式（2-38）的误差约在 15% 左右，为了避免由于按式（2-38）与式（2-39）的计算结果不一致引起设计计算上的争异，《砌体结构设计规范》（GB50003—2001）规定只采用式（2-39），该公式应用简便又不致影响梁端砌体局部受压的安全度。

2. 上部荷载对局部抗压强度的影响

作用在梁端砌体上的轴向力包括梁端支承压力 N_l 和由上部荷载产生的轴向力 N_0，如图 2-10（a）所示。当梁上荷载增加时，与梁端底面接触的砌体产生的压缩变形增大。当上部荷载 N_0 产生的平均压应力 σ_0 较小时，梁端顶面与砌体的接触面将减小，甚至与砌体脱开形成水平裂缝，此时上部荷载通过砌体内形成的内拱向下传递（图 2-10b）。σ_0 的存在和扩散可以提高梁端下部砌体横向抗拉能力，从而提高梁端下砌体的局部受压承载力。然而，随着 σ_0 的增大，内拱效应逐渐减弱，σ_0 的有利影响也随之变弱。现用上部荷载的折减系数 ψ 来反映这一影响。根据试验结果，当 $A_0/A_l > 2$ 时，可不考虑上部荷载对砌体局部抗压强度的影响。为偏于安全，规定当 $A_0/A_l \geqslant 3$ 时，不考虑上部荷载的影响。

3. 梁端支承处砌体的局部受压承载力计算

图 2-11 为梁端支承处砌体截面上的应力分布图，当其边缘的应力 $\sigma_{\max} \leqslant \gamma f$ 时，梁端支承处砌体满足局部受压承载力要求，即

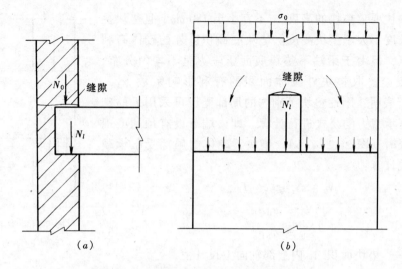

图 2-10　上部荷载对局部抗压强度的影响示意

$$\sigma'_0 + \sigma_l = \sigma'_0 + \frac{N_l}{\eta A_l} \leq \gamma f$$

亦即

$$\eta\sigma'_0 A_l + N_l \leq \eta\gamma f A_l$$

式中，σ'_0 为由上部荷载在梁端底面产生的平均应力，用上部荷载产生的计算平均应力 σ_0 来表示。取 $\eta\sigma'_0 = \psi\sigma_0$，代入上式，并令 $N_0 = \sigma_0 A_l$，可得梁端支承处砌体的局部受压承载力计算公式：

$$\psi N_0 + N_l \leq \eta\gamma f A_l \tag{2-40}$$

$$\psi = 1.5 - 0.5 \frac{A_0}{A_l} \tag{2-41}$$

$$N_0 = \sigma_0 A_l \tag{2-42}$$

$$A_l = a_0 b \tag{2-43}$$

式中　ψ——上部荷载的折减系数，当 $A_0/A_l \geq 3$ 时，取 $\psi = 0$（即此时不考虑上部荷载的影响）；

　　N_0——局部受压面积内上部轴向力设计值；

　　N_l——梁端支承压力设计值；

　　σ_0——上部平均压应力设计值；

　　η——梁端底面压应力图形的完整系数，可取 0.7，对于过梁和墙梁可取 1.0；

　　a_0——梁端有效支承长度，应按式（2-39）计算，当 $a_0 > a$ 时，应取 $a_0 = a$；

　　b——梁的截面宽度；

　　f——砌体的抗压强度设计值。

4. 梁端下设有刚性垫块时支承处砌体的局部受压承载力计算

工程上梁端下常采用预制刚性垫块，有时则将垫块与梁端现浇成整体，这样可增大局部受压面积，提高局部受压承载力。虽然这两类垫块下砌体的局部受压性能有所不同，但为了简化计算，其砌体局部受压承载力采用相同的计算方法。

（1）刚性垫块下的砌体局部受压承载力

刚性垫块要求垫块的高度 t_b 不宜小于 180mm，且垫块挑出梁边的长度不大于垫块高度。垫块底面积以外的砌体有利于局部受压，但由于梁端下垫块底面压应力呈不均匀分布，为了偏于安全，取垫块外砌体面积的有利影响系数 $\gamma_1 = 0.8\gamma$。分析表明：刚性垫块下砌体的局部受压可采用无筋砌体偏心受压承载力的公式进行计算。即梁端下设有预制或现浇刚性垫块时（图 2-12a、b），垫块下砌体的局部受压承载力应按下式计算：

$$N_0 + N_l \leq \varphi \gamma_1 f A_b \tag{2-44}$$

$$N_0 = \sigma_0 A_b \tag{2-45}$$

$$A_b = a_b b_b \tag{2-46}$$

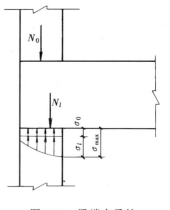

图 2-11 梁端支承处
砌体的应力分布图

式中　N_0——垫块面积 A_b 内上部轴向力设计值；

　　　φ——垫块上 N_0 及 N_l 合力的影响系数，应采用表 2-10～2-12 或式（2-18），当 $\beta \leq 3$ 时的 φ 值；

　　　γ_1——垫块外砌体面积的有利影响系数，应取 $\gamma_1 = 0.8\gamma$，但不小于 1.0；

　　　γ——局部抗压强度提高系数，按式（2-32）以 A_b 代替 A_l 计算确定；

　　　A_b——垫块面积；

　　　a_b——垫块伸入墙内的长度；

　　　b_b——垫块的宽度。

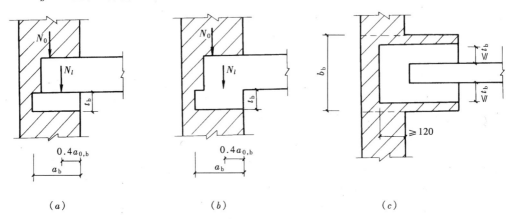

（a）　　　　　　　　　　（b）　　　　　　　　　　（c）

图 2-12　梁端下的刚性垫块

在带壁柱墙的壁柱内设置预制或现浇刚性垫块时（图 2-12c），通常翼缘位于压应力较小处，对受力的影响有限，因而在计算 A_0 时只取壁柱范围内的面积而不计翼缘部分，同时构造上要求壁柱上垫块伸入墙内的长度不应小于 120mm。当现浇垫块与梁端整体浇筑时，垫块可在梁高范围内设置。

（2）梁端设有刚性垫块时梁端有效支承长度 $a_{0,b}$

应用式（2-44）时，必须确定 N_l 的作用点位置以计算 φ，梁端设有刚性垫块时梁端有效支承长度与前述未设垫块时的 a_0 不同。分析表明：刚性垫块上、下表面的有效支承长度不相等，但彼此间存在良好的相关性。按式（2-38）得到刚性垫块上表面处梁端有效支承长度：

$$a_{0,b} = \delta_1 \sqrt{\frac{N_l}{b_b f \tan\theta}} \qquad (2\text{-}47)$$

设计计算时，采用下列简化公式计算：

$$a_{0,b} = \delta_1 \sqrt{\frac{h_c}{f}} \qquad (2\text{-}48)$$

式中　δ_1——刚性垫块的影响系数，可按表 2-14 采用。

垫块上 N_l 作用点的位置可取 $0.4a_{0,b}$，如图 2-12 所示。

刚性垫块的影响系数 　　　　表 2-14

σ_0/f	0	0.2	0.4	0.6	0.8
δ_1	5.4	5.7	6.0	6.9	7.8

5. 梁端下设有垫梁时支承处砌体的局部受压承载力计算

设置在梁或屋架端部支承处砌体内的连续钢筋混凝土梁（如圈梁）具有垫梁的作用。

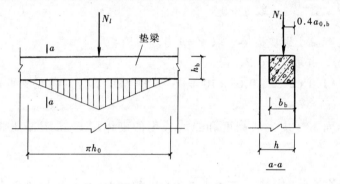

图 2-13　垫梁局部受压

垫梁受到上部荷载 N_0 和集中局部荷载 N_l 的作用，当 $\sigma_{max} \leqslant \gamma f$ 时，可确保砌体的局部受压承载力。基于弹性力学方法分析同时考虑砌体的受力性能，当垫梁长度大于 πh_0 时（图 2-13），垫梁下砌体的局部受压承载力应按下式计算：

$$N_0 + N_l \leqslant 2.4\delta_2 f b_b h_0 \qquad (2\text{-}49)$$

$$N_0 = \frac{\pi b_b h_0 \sigma_0}{2} \qquad (2\text{-}50)$$

$$h_0 = 2\sqrt[3]{\frac{E_b I_b}{Eh}} \qquad (2\text{-}51)$$

式中　N_0——垫块上部轴向力设计值；

　　　δ_2——垫梁底面压应力分布系数，当荷载沿墙厚方向均匀分布时，$\delta_2 = 1.0$，不均匀时 $\delta_2 = 0.8$；

　　　σ_0——上部平均压应力设计值；

　　　b_b——垫梁在墙厚方向的宽度；

　　　h_0——垫梁折算高度；

　　　E_b、I_b——分别为垫梁的混凝土弹性模量和截面惯性矩；

E——砌体的弹性模量；

h——墙厚。

垫梁上梁端有效支承长度 $a_{0,b}$ 可按式（2-48）计算，即近似按刚性垫块情况考虑。

【例题 2-7】 某钢筋混凝土楼面梁（截面尺寸为 $200\text{mm} \times 500\text{mm}$）简支在窗间墙上，窗间墙截面尺寸为 $1500\text{mm} \times 190\text{mm}$，采用混凝土小型空心砌块 MU10、水泥混合砂浆 Mb5 砌筑，施工质量控制等级为 B 级。梁端支承压力设计值为 68kN，上部轴向力设计值为 120kN。试验算梁端支承处砌体的局部受压承载力。

【解】 本题属图 2-8（b）情况的局部受压。

由表 2-4，$f = 2.22\text{MPa}$。

$$A_0 = (b + 2h)\,h = (0.2 + 2 \times 0.19) \times 0.19 = 0.1102\text{m}^2 \text{。}$$

由式（2-39），$a_0 = 10\sqrt{\dfrac{h_c}{f}} = 10\sqrt{\dfrac{500}{2.22}} = 150\text{mm} < 190\text{mm}$，

$$A_l = a_0 b = 0.15 \times 0.2 = 0.03\text{m}^2 \text{。}$$

$\dfrac{A_0}{A_l} = \dfrac{0.1102}{0.03} = 3.7 > 3$，取 $\psi = 0$。

对于未灌孔混凝土砌块砌体，取 $\gamma = 1.0$，

按式（2-40），并取 $\eta = 0.7$，得

$\eta\gamma f A_l = 0.7 \times 1.0 \times 2.22 \times 0.03 \times 10^3 = 46.6\text{kN} < 68\text{kN}$，此时梁端支承处砌体局部受压不安全。

现将梁支承面下 3 皮砌块高度和二块长度的砌体用 Cb20 混凝土将孔洞灌实，按式（2-32）

$$\gamma = 1 + 0.35\sqrt{\dfrac{A_0}{A_l} - 1} = 1 + 0.35\sqrt{3.7 - 1} = 1.58 > 1.5$$

取 $\gamma = 1.5$，按式（2-40）得

$\eta\gamma f A_l = 0.7 \times 1.5 \times 2.22 \times 0.03 \times 10^3 = 69.9\text{kN} > 68\text{kN}$，此时梁端支承处砌体局部受压安全。

【例题 2-8】 某教学综合楼窗间墙截面尺寸为 $1800\text{mm} \times 190\text{mm}$，采用混凝土小型空心砌块 MU10、水泥混合砂浆 Mb5 砌筑，施工质量控制等级为 B 级。墙上支承截面尺寸为 $250\text{mm} \times 700\text{mm}$ 的钢筋混凝土梁，支承长度为 190mm。梁端荷载设计值产生的支承压力为 120kN，上部荷载设计值产生的轴向力为 90kN。试验算梁端支承处砌体的局部受压承载力。

【解】 本题属图 2-8（b）情况的局部受压。

由表 2-4，$f = 2.22\text{MPa}$。

由图 2-8（b），$A_0 = (b + 2h)\,h = (0.25 + 2 \times 0.19) \times 0.19 = 0.1197\text{m}^2$

由式（2-39），$a_0 = 10\sqrt{\dfrac{h_c}{f}} = 10\sqrt{\dfrac{700}{2.22}} = 178\text{mm} < 190\text{mm}$。

$$A_l = a_0 b = 0.178 \times 0.25 = 0.0445\text{m}^2$$

$\dfrac{A_0}{A_l} = \dfrac{0.1197}{0.0445} = 2.7 < 3.0$，故应考虑上部荷载的影响。

按式 (2-41)，得：

$$\psi = 1.5 - 0.5 \frac{A_0}{A_l} = 1.5 - 0.5 \times 2.7 = 0.15。$$

上部荷载在窗间墙截面上产生的平均压应力为：

$$\sigma_0 = \frac{90 \times 10^3}{1800 \times 190} = 0.263 \text{MPa}。$$

上部荷载作用于局部受压面积 A_l 上的轴向力为：

$$N_0 = \sigma_0 A_l = 0.263 \times 0.0445 \times 10^3 = 11.7 \text{kN}$$

由式 (2-32)，

$$\gamma = 1 + 0.35\sqrt{\frac{A_0}{A_l} - 1} = 1 + 0.35\sqrt{2.7 - 1} = 1.46 < 1.5$$

（梁支承面下 3 皮砌块高度和两块长度的砌体用 Cb20 混凝土将孔洞灌实。）

按式 (2-40)，并取 $\eta = 0.7$，得

$\eta\gamma f A_l = 0.7 \times 1.46 \times 2.22 \times 0.045 \times 10^3 = 100.7 \text{kN} < \psi N_0 + N_l = 0.15 \times 11.7 + 120 = 121.8 \text{kN}$，故梁端支承处砌体的局部受压不安全。

为了确保砌体的局部受压承载力，可采取下列措施：

(1) 设置符合刚性垫块要求的预制混凝土垫块，尺寸为 600mm × 190mm × 190mm。

$$A_0 = (b + 2h)h = (0.6 + 2 \times 0.19) \times 0.19 = 0.1862 \text{m}^2$$

$$A_b = a_b b_b = 0.19 \times 0.6 = 0.114 \text{m}^2$$

$$\frac{A_0}{A_b} = \frac{0.1862}{0.114} = 1.63$$

垫块面积上由上部荷载设计值产生的轴向力为：

$$N_0 = \sigma_0 A_b = 0.263 \times 0.114 \times 10^3 = 30.0 \text{kN}$$

$$N_0 + N_l = 30.0 + 120 = 150 \text{kN}$$

N_l 的作用点由设有刚性垫块的梁端有效支承长度确定。

$\frac{\sigma_0}{f} = \frac{0.263}{2.22} = 0.12$，查表 2-14，$\delta_1 = 5.58$。

由式 (2-48)，$a_{0,b} = \delta_1\sqrt{\frac{h_c}{f}} = 5.58\sqrt{\frac{700}{2.22}} = 99.1 \text{mm}$。

N_0 与 N_l 合力的偏心距为：

$$e = \frac{120 \times \left(\frac{0.19}{2} - 0.4 \times 0.0991\right)}{150} = 0.044 \text{m},$$

$$\frac{e}{h} = \frac{0.044}{0.19} = 0.23。$$

按构件高厚比 $\beta \leqslant 3$，查表 2-10，得 $\varphi = 0.61$。

由式 (2-32)，

$$\gamma = 1 + 0.35\sqrt{\frac{A_0}{A_b} - 1} = 1 + 0.35\sqrt{1.63 - 1} = 1.28 < 2.0,$$

$$\gamma_1 = 0.8\gamma = 0.8 \times 1.28 = 1.024;$$

按式（2-44），

$\varphi \gamma_1 f A_b = 0.61 \times 1.024 \times 2.22 \times 0.114 \times 10^3 = 158.1\text{kN} > N_0 + N_l = 150\text{kN}$。因此设置预制混凝土刚性垫块后，梁端支承处砌体局部受压安全。

（2）如果采用上述尺寸的垫块与梁端整体现浇，其局部受压承载力计算方法和计算结果与上述相同。

（3）如改为设置钢筋混凝土垫梁。取垫梁截面尺寸为 190mm × 190mm，混凝土强度等级为 C20，$E_b = 25.5\text{kN/mm}^2$。砌体弹性模量 $E = 1500f = 1500 \times 2.22 = 3330\text{MPa} = 3.33\text{kN/mm}^2$。

由式（2-51），得：

$$h_0 = 2\sqrt[3]{\frac{E_b I_b}{E h}} = 2\sqrt[3]{\frac{25.5 \times \dfrac{1}{12} \times 190 \times 190^3}{3.33 \times 190}} = 327.2\text{mm}$$

因垫梁沿墙长设置，其长度大于 $\pi h_0 = 1.028\text{m}$，由式（2-50），

$$N_0 = \frac{\pi b_b h_0 \sigma_0}{2} = \frac{\pi}{2} \times 0.19 \times 0.3272 \times 0.263 \times 10^3 = 25.7\text{kN}$$

荷载沿墙厚方向分布不均匀，取 $\delta_2 = 0.8$。由式（2-49），

$2.4\delta_2 f b_b h_0 = 2.4 \times 0.8 \times 2.22 \times 0.19 \times 0.3272 \times 10^3 = 265.0\text{kN} > N_0 + N_l = 25.7 + 120 = 145.7\text{kN}$，此时垫梁下的砌体局部受压安全。

【例题 2-9】 某带壁柱墙，截面尺寸如图 2-14 所示，采用烧结页岩砖 MU10、水泥混合砂浆 M2.5 砌筑，施工质量控制等级为 B 级。墙上支承截面尺寸为 200mm × 400mm 的钢筋混凝土梁，梁端搁置长度为 370mm，梁端支承压力设计值为 65kN，上部轴向力设计值为 98kN。试验算梁端支承处砌体的局部受压承载力。

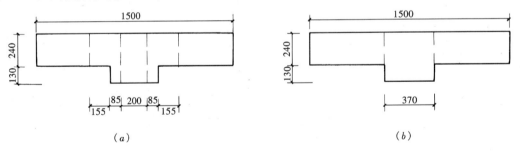

（*a*） （*b*）

图 2-14 例题 2-9 带壁柱墙截面

【解】 本题属图 2-8（*b*）情况的局部受压。

由表 2-2，$f = 1.30\text{MPa}$。

$A_0 = 0.37 \times 0.37 + 2 \times 0.155 \times 0.24 = 0.2113\text{m}^2$（如图 2-14*a* 所示）。

由式（2-39），

$$a_0 = 10\sqrt{\frac{h_c}{f}} = 10\sqrt{\frac{400}{1.3}} = 175.4\text{mm}$$

$$A_l = a_0 b = 0.1754 \times 0.2 = 0.0351\text{m}^2$$

$$\frac{A_0}{A_l} = \frac{0.2113}{0.0351} = 6.02 > 3，取 \psi = 0$$

由式 (2-32)，

$$\gamma = 1 + 0.35 \sqrt{\frac{A_0}{A_l} - 1} = 1 + 0.35 \sqrt{6.02 - 1} = 1.78 < 2.0$$

按式 (2-40)，并取 $\eta = 0.7$，得

$\eta \gamma f A_l = 0.7 \times 1.78 \times 1.30 \times 0.0351 \times 10^3 = 56.9 \text{kN} < 65 \text{kN}$，故梁端支承处砌体的局部受压不安全。

现设置 $370 \text{mm} \times 370 \text{mm} \times 180 \text{mm}$ 的预制混凝土垫块（见图 2-14b），其尺寸符合刚性垫块的要求，且垫块伸入翼缘内的长度符合要求。

$$A_\text{b} = 0.37 \times 0.37 = 0.1369 \text{m}^2$$

上部荷载在带壁柱墙截面上产生的平均压应力为：

$$\sigma_0 = \frac{98 \times 10^{-3}}{(1.5 \times 0.24 + 0.37 \times 0.13)} = 0.24 \text{MPa}$$

$$N_0 = \sigma_0 A_\text{b} = 0.24 \times 0.1369 \times 10^3 = 32.9 \text{kN}$$

$$N_0 + N_l = 32.9 + 65 = 97.9 \text{kN}$$

N_l 的作用点由刚性垫块时梁端有效支承长度确定，

$$\frac{\sigma_0}{f} = \frac{0.24}{1.3} = 0.19，查表 2-14，\delta_1 = 5.69。$$

由式 (2-48)，$a_{0,\text{b}} = \delta_1 \sqrt{\frac{h_\text{c}}{f}} = 5.69 \sqrt{\frac{400}{1.30}} = 99.8 \text{mm}$

N_0 与 N_l 合力的偏心距为：

$$e = \frac{65 \left(\frac{0.37}{2} - 0.4 \times 0.0998 \right)}{97.9} = 0.096 \text{m}$$

$\frac{e}{h} = \frac{0.096}{0.37} = 0.26$，按构件高厚比 $\beta \leqslant 3$，查表 2-11，得 $\varphi = 0.55$。

因 A_0 只计壁柱面积（$370 \text{mm} \times 370 \text{mm}$），且 $A_0 = A_\text{b}$，取 $\gamma_1 = 1.0$。按式 (2-44)，

$\varphi \gamma_1 f A_\text{b} = 0.55 \times 1.0 \times 1.30 \times 0.1369 \times 10^3 = 97.9 \text{kN} = N_0 + N_l$。此时梁端支承处砌体局部受压安全。

第四节　无筋砌体受剪构件承载力计算

水平地震作用或风荷载作用下的墙体、无拉杆的拱的支座截面等，除了有剪力作用外，往往同时还有竖向荷载作用，墙体处于剪压复合应力状态。

在垂直压力和水平剪力作用下，通常墙体受剪破坏形式有两种：一种是沿水平通缝截面产生的受剪破坏（图 2-15a）另一种是沿齿缝截面产生的受剪破坏（图 2-15b）。

沿通缝或沿阶梯形截面破坏时受剪构件的承载力应按下式计算：

$$V \leqslant (f_{v0} + \alpha \mu \sigma_0) A \tag{2-52}$$

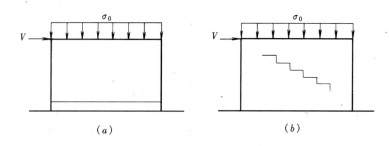

(a)　　　　　　　　　　　(b)

图 2-15　墙体受剪破坏形态

当 $\gamma_G = 1.2$ 时，

$$\mu = 0.26 - 0.082 \frac{\sigma_0}{f} \tag{2-53}$$

当 $\gamma_G = 1.35$ 时，

$$\mu = 0.23 - 0.065 \frac{\sigma_0}{f} \tag{2-54}$$

式中　　V——截面剪力设计值；

f_{v0}——砌体抗剪强度设计值，应按表 2-8 采用，对灌孔的混凝土砌块砌体取 f_{vg}（见式 2-8）；

α——修正系数，当 $\gamma_G = 1.2$ 时，对砖砌体取 0.60，对混凝土砌块砌体取 0.64；当 $\gamma_G = 1.35$ 时，对砖砌体取 0.64，对混凝土砌块砌体取 0.66；

μ——剪压复合受力影响系数，α 与 μ 的乘积可查表 2-15；

σ_0——永久荷载设计值产生的水平截面平均压应力；

f——砌体抗压强度设计值，对灌孔的混凝土砌块砌体取 f_{vg}；

σ_0/f——轴压比，不应大于 0.8；

A——水平截面面积，当有孔洞时，取净截面面积。

当 $\gamma_G = 1.2$ 及 $\gamma_G = 1.35$ 时 $\alpha\mu$ 值　　　　　　表 2-15

γ_G	σ_0/f	0.1	0.2	0.3	0.4	0.5	0.6	0.7	0.8
1.2	砖砌体	0.15	0.15	0.14	0.14	0.13	0.13	0.12	0.12
	砌块砌体	0.16	0.16	0.15	0.15	0.14	0.13	0.13	0.12
1.35	砖砌体	0.14	0.14	0.13	0.13	0.13	0.12	0.12	0.11
	砌块砌体	0.15	0.14	0.14	0.13	0.13	0.13	0.12	0.12

【例题 2-10】　某砖砌筒拱，如图 2-16 所示，采用烧结普通砖 MU15、水泥砂浆 M10 砌筑，施工质量控制等级为 B 级。沿纵向取 1m 宽的筒拱计算，拱支座处由荷载设计值产生的水平力为 80kN/m，作用在受剪截面面积上由永久荷载设计值产生的竖向压力为 96kN/m（永久荷载分项系数 $\gamma_G = 1.2$）。试验算拱支座处的抗剪承载力。

【解】　由表 2-8 和表 2-9 的规定，砌体沿通缝截面的抗剪强度设计值 $f_{v0} = 0.8 \times 0.17 = 0.136\text{MPa}$。

由表 2-2 和表 2-9 的规定，砌体抗压强度设计值 $f = 0.9 \times 2.31 = 2.08\text{MPa}$。

$A = 1 \times 0.49 = 0.49\text{m}^2$

由永久荷载设计值产生的水平截面平均压应力 σ_0 为：

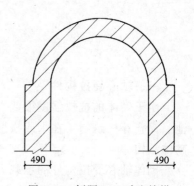

$$\sigma_0 = \frac{96 \times 10^3}{0.49 \times 10^6} = 0.196\text{MPa}$$

$$\frac{\sigma_0}{f} = \frac{0.196}{2.08} = 0.09 < 0.8$$

由式（2-53），$\gamma_G = 1.2$

$$\mu = 0.26 - 0.082\frac{\sigma_0}{f} = 0.26 - 0.082 \times 0.09 = 0.253$$

对于砖砌体，$\alpha = 0.60$，

由式（2-52），

图 2-16 例题 2-10 砖砌筒拱

$(f_{0v} + \alpha\mu\sigma_0) A = (0.136 + 0.6 \times 0.253 \times 0.196) \times 0.49 \times 10^3 = 81.2\text{kN} > 80\text{kN}$，因此筒拱支座处砌体受剪安全。

【**例题 2-11**】 混凝土小型空心砌块砌体横向剪力墙长 3.6m，厚度为 190mm，其上作用竖向压力标准值 N_k 为 120kN（其中永久荷载产生的压力为 76kN），水平风荷载作用下产生的水平剪力标准值 V_k 为 39kN。剪力墙采用混凝土小型空心砌块 MU10、水泥混合砂浆 Mb5 砌筑，施工质量控制等级为 B 级。试验算该横向剪力墙的抗剪承载力。

【**解**】 由表 2-4，$f = 2.22\text{MPa}$。由表 2-8，$f_{v0} = 0.06\text{MPa}$。

$$A = 3.6 \times 0.19 = 0.684\text{m}^2$$

当 $\gamma_G = 1.2$ 时，

$$\sigma_0 = \frac{1.2 \times 76 \times 10^3}{3600 \times 190} = 0.133\text{MPa}$$

$$\frac{\sigma_0}{f} = \frac{0.133}{2.22} = 0.06 < 0.8$$

由式（2-53），

$$\mu = 0.26 - 0.082\frac{\sigma_0}{f} = 0.26 - 0.082 \times 0.06 = 0.255$$

$$\alpha = 0.64$$

$$\alpha\mu = 0.64 \times 0.255 = 0.163$$

按式（2-52），

$(f_{v0} + \alpha\mu\sigma_0) A = (0.06 + 0.163 \times 0.133) \times 0.684 \times 10^3 = 55.9\text{kN} > 1.4 \times 39 = 54.6\text{kN}$，此时该墙受剪承载力满足要求。

当 $\gamma_G = 1.35$ 时，

$$\sigma_0 = \frac{1.35 \times 76 \times 10^3}{3600 \times 190} = 0.15\text{MPa}$$

$$\frac{\sigma_0}{f} = \frac{0.15}{2.22} = 0.068 < 0.8$$

查表 2-15，$\alpha\mu = 0.149$

按式（2-52），

$(f_{v0} + \alpha\mu\sigma_0) A = (0.06 + 0.149 \times 0.15) \times 0.684 \times 10^3 = 56.3\text{kN} > 1.0 \times 39 = 39\text{kN}$，此时该墙受剪承载力满足要求。

第五节　无筋砌体受拉、受弯构件承载力计算

一、轴心受拉构件

由于砌体的抗拉强度很低，因此工程上很少采用砌体作轴心受拉构件。容积较小的水池、筒仓等构筑物，在水或松散物料的侧压力作用下，墙壁内只产生环向拉力时，可采用砌体结构。

砌体轴心受拉构件的承载力应按下式计算：

$$N_t \leqslant f_t A \tag{2-55}$$

式中　N_t——轴心拉力设计值；

　　　f_t——砌体轴心抗拉强度设计值，应按表2-8采用。

二、受弯构件

砖砌过梁和挡土墙等受弯构件，在弯矩较大的截面，砌体可能因抗弯承载力不够沿齿缝截面或沿砖和竖向灰缝发生弯曲受拉破坏；在剪力较大的支座处，砌体有可能因抗剪承载力不足发生剪切破坏。故受弯构件应分别进行受弯承载力和受剪承载力计算。

（1）受弯承载力应按下式计算：

$$M \leqslant f_{tm} W \tag{2-56}$$

式中　M——弯矩设计值；

　　　f_{tm}——砌体弯曲抗拉强度设计值，应按表2-8采用；

　　　W——截面抵抗矩。

（2）受剪承载力应按下式计算：

$$V \leqslant f_{v0} bz \tag{2-57}$$

$$z = \frac{I}{S} \tag{2-58}$$

式中　V——剪力设计值；

　　　f_{v0}——砌体抗剪强度设计值，应按表2-8采用；

　　　b——截面宽度；

　　　z——内力臂，对于矩形截面，$z = 2h/3$；

　　　I——截面惯性矩；

　　　S——截面面积矩；

　　　h——截面高度。

【例题 2-12】　某圆形筒仓，采用烧结页岩砖 MU15、水泥砂浆 M10 砌筑，施工质量控制等级为 B 级。筒壁内由荷载设计值产生的环向拉力为 69kN/m，试选择筒壁厚度。

【解】　由表2-8和表2-9的规定，砌体沿齿缝截面的轴心抗拉强度设计值 $f_t = 0.8 \times 0.19 = 0.152$MPa。

按式（2-55），池壁厚度为：

$h = \dfrac{N_t}{f_t \times 1} = \dfrac{69}{0.152 \times 1} = 454$mm，因此可选用池壁厚度为 490mm。

【例题 2-13】　某悬臂式矩形水池池壁，竖向剖面如图 2-17 所示，采用烧结灰砂砖

MU10、水泥砂浆 M7.5 砌筑，施工质量控制等级为 B 级。试验算下端池壁的承载力。

【解】 池壁自重产生的垂直压力较小，现忽略不计，水荷载分项系数取 1.2。该池壁为悬臂受弯构件，沿竖向取 1m 宽的池壁（图 2-17a），计算简图如图 2-17（b）所示。池壁下端截面所受的弯矩和剪力最大，应分别验算该截面的受弯和受剪承载力。

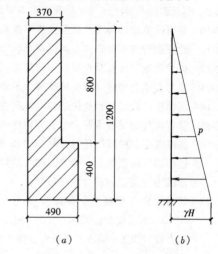

图 2-17　例题 2-13 池壁竖向
剖面图和计算简图

1. 受弯承载力

池壁底端的弯矩：

$$M = \frac{1}{6}pH^2$$

$$= \frac{1}{6} \times 1.2 \times 10 \times 1.2 \times 1.2^2 = 3.46\text{kN} \cdot \text{m}$$

$$W = \frac{1}{6}bh^2 = \frac{1}{6} \times 1 \times 0.49^2 = 0.04\text{m}^3$$

由表 2-8 和表 2-9 的规定，池壁沿通缝截面的弯曲抗拉强度设计值 $f_{tm} = 0.8 \times 0.14 = 0.112\text{MPa}$。

按式（2-56），

$$f_{tm}W = 0.112 \times 0.04 \times 10^3 = 4.48\text{kN} \cdot \text{m} > 3.46\text{kN} \cdot \text{m}$$

该池壁受弯承载力足够。

2. 受剪承载力

池壁底端的剪力：

$$V = \frac{1}{2}pH = \frac{1}{2} \times 1.2 \times 10 \times 1.2 \times 1.2 = 8.64\text{kN}$$

由表 2-8 和表 2-9 的规定，

$$f_{v0} = 0.8 \times 0.14 = 0.112\text{MPa}$$

按式（2-57）、（2-58），

$$f_{v0}bz = 0.112 \times 1 \times \frac{2}{3} \times 0.49 \times 10^3 = 36.59\text{kN} > 8.64\text{kN}，$$

该池壁受剪承载力足够。

思 考 题 与 习 题

2-1　砌体结构构件的承载力为何要按式（2-1）和式（2-2）中的最不利组合进行计算？

2-2　在砌体结构构件的承载力计算中如何考虑施工质量控制等级的影响？

2-3　试推导施工质量控制等级为 B 级的混凝土小型空心砌块砌体的抗压强度设计值、标准值与平均值之间的关系。

2-4　按［例题 2-4］的资料，若砌体灌孔率为 20%，试问该砌块砌体的抗压强度设计值为多少？

2-5　按［例题 2-4］的资料，试计算该灌孔混凝土砌块砌体的抗剪强度设计值。

2-6　在砌体结构构件的计算时，如何取用砌体强度设计值的调整系数 γ_a？

2-7　无筋砌体受压构件承载力计算中的系数 φ 的物理意义是什么？与哪些因素有关？与系数 α、φ_0 之间有何内在联系？

2-8 为何须对无筋砌体受压构件的偏心距加以限制？其限值是多少？

2-9 引起砌体局部抗压强度提高的主要原因有哪些？

2-10 如何计算砌体局部抗压强度提高系数 γ？为何要规定 γ 的上限值？

2-11 验算梁端支承处砌体局部受压承载力时，应考虑上部荷载折减的理由是什么？

2-12 何谓梁端有效支承长度？如何计算？

2-13 梁端支承处砌体局部受压承载力不够时，可采取哪些措施？

2-14 刚性垫块应满足哪些构造要求？刚性垫块下砌体局部抗压强度提高系数如何计算？

2-15 受弯构件的受剪承载力与受剪构件的受剪承载力在计算上有何不同？

2-16 某医院综合楼门厅砖柱，柱的计算高度为 3.8m，柱顶处由荷载设计值产生的轴心压力为 240kN。已知供应的混凝土小型空心砌块的强度等级为 MU10，采用水泥混合砂浆 Mb5 砌筑，施工质量控制等级为 B 级。试设计该柱截面。

2-17 某教学楼外廊砖柱，截面尺寸为 370mm × 490mm，柱的计算高度为 3.3m。采用烧结粉煤灰砖 MU10、水泥混合砂浆 M5 砌筑，施工质量控制等级为 B 级。已知柱顶处由荷载设计值产生的轴向压力设计值为 160kN，弯矩设计值为 8kN·m，柱底截面弯矩为零。试核算该柱柱顶及柱底的受压承载力。

2-18 某办公楼窗间墙截面尺寸为 1200mm × 240mm，采用烧结页岩砖 MU10、水泥混合砂浆 M5 砌筑，施工质量控制等级为 B 级。墙上支承截面尺寸为 200mm × 550mm 的钢筋混凝土梁，梁端伸入墙内的支承长度为 240mm。梁端支承压力设计值为 68kN，上部荷载设计值产生的轴向力为 126kN。试验算梁端支承处砌体的局部受压承载力。

2-19 某悬臂式矩形水池，壁高 $H = 1.6$m，壁厚 h 为 0.37m，采用烧结页岩砖 MU10、水泥砂浆 M10 砌筑，施工质量控制等级为 B 级。若不考虑池壁自重产生的竖向压力的影响，试验算该水池灌满水时池壁的承载力。

2-20 住宅楼中某段墙长 1.8m，厚 190mm，采用混凝土小型空心砌块 MU10、水泥混合砂浆 Mb5 砌筑，施工质量控制等级为 B 级。其上作用竖向压力标准值 N_k 为 60kN（其中永久荷载包括自重产生的压力为 40kN），水平剪力标准值 V_k 为 24kN（其中可变荷载产生的水平剪力为 18kN），试验算该段墙的受剪承载力。

第三章　混合结构房屋墙体设计

第一节　墙体结构布置

混合结构房屋设计中，承重墙、柱的布置是一件非常重要的工作，它直接影响房屋的平面划分和房间的大小，还关系到荷载的传递以及房屋的空间刚度。承重墙体的布置应综合考虑使用要求、结构受力特点等因素，确保其安全可靠，经济合理。

根据荷载传递路线的不同，混合结构房屋的墙体结构布置有横墙承重、纵墙承重、纵横墙承重和内框架承重等四种方案。

一、横墙承重方案

屋面、楼面荷载主要由横墙承担的布置方案称为横墙承重方案，它适用于建造横墙较密、房间大小固定的住宅、公寓、旅馆以及办公楼等。

该方案房屋因横墙间距较小，数量较多，横向刚度较大，整体性好，调整地基不均匀沉降、抗风、地震作用的能力较强。外纵墙因不承重，门窗大小及位置限制较少，建筑立面易处理。此外，屋（楼）盖结构一般采用钢筋混凝土板，因而较经济且施工简单。但由于横墙较密，建筑平面布局则不灵活。

二、纵墙承重方案

屋面、楼面荷载主要由纵墙承担的布置方案称为纵墙承重方案。这种方案的房屋，通常楼、屋面板搁置在梁上，而梁搁置在纵墙上，如图 3-1 所示。它适用于建造开间较大的教学楼、医院、食堂、仓库等。

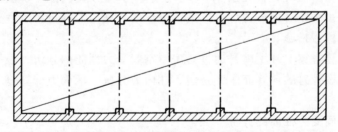

图 3-1　纵墙承重方案

该方案房屋因横墙数量少且自承重，建筑平面布局相对灵活，但房屋横向刚度较差；纵墙为承重墙，纵墙上门、窗洞口的大小及位置受到某种程度限制。与横墙承重方案相比，屋（楼）盖构件所用材料较多，而墙体材料用量相对较少。

三、纵横墙承重方案

屋面、楼面荷载由纵墙、横墙共同承担的布置方案称为纵横墙承重方案，如图 3-2 所示。该方案在住宅、公寓、旅馆、办公楼等建筑中广泛应用。

该方案房屋因纵横墙截面应力较均匀且纵、横向刚度均较大，抗风能力较强。此外，在占地面积相同的条件下，外墙面积较少。

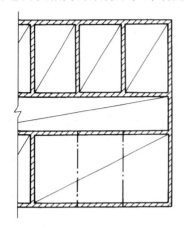
图 3-2　纵横墙承重方案

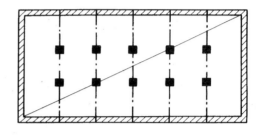
图 3-3　内框架承重方案

四、内框架承重方案

屋面、楼面荷载由房屋内部的钢筋混凝土框架和外部砌体墙、柱共同承担的布置方案称为内框架承重方案，如图 3-3 所示。它可用于建造商场、餐厅及一般的多层厂房。

该方案房屋因内部采用钢筋混凝土框架形成大空间，平面布局灵活，易满足使用要求。与全框架结构相比，因外墙由砌体承重可降低造价。但房屋的空间刚度因横墙数量较少而较差。此外，由于砌体和钢筋混凝土两种材料的受力性能不同，墙体易开裂，抵抗地基不均匀沉降的能力较弱。

第二节　墙、柱内力分析

设计混合结构房屋时，首先按 3.1 节所述选择承重方案，合理布置墙体；然后根据房屋空间刚度的大小确定房屋静力计算方案，进行墙、柱内力分析；最后验算墙、柱的承载力并采取相应的构造措施。

房屋静力计算方案实际上就是通过对房屋空间受力性能的分析，根据房屋空间刚度的大小确定墙、柱设计时的计算简图，是墙、柱内力分析、承载力计算以及相应的构造措施的主要依据。

一、房屋空间受力性能的分析

图 3-4 所示的单层房屋，如果联系各开间的屋盖沿纵向的刚度很小时，各开间之间的联系则可忽略不计。由于结构的每个开间具有相似性，因此每个开间在竖向和水平荷载作用下的结构受力和变形同样具有相似性，柱顶的水平位移均为 u_p。房屋的静力分析可取一开间作为计算单元，计算单元内的荷载将由本开间的构件承受，如同一个单跨平面排架。

实际房屋中，屋（楼）盖沿纵向具有一定的刚度，可将屋（楼）盖体系视为支承在横墙或山墙上的复合梁。每开间的墙、柱顶的水平位移与该复合梁的刚度、横墙或山墙的间距和刚度有关。当复合梁刚度为零时，墙或柱顶的水平位移即为平面排架时的水平位移。当复合梁的刚度为有限值时，则墙或柱顶的水平位移也为有限值，但小于平面排架的水平位移。因支承于横墙或山墙的复合梁在水平荷载作用下的挠度曲线具有两端小、中间大的

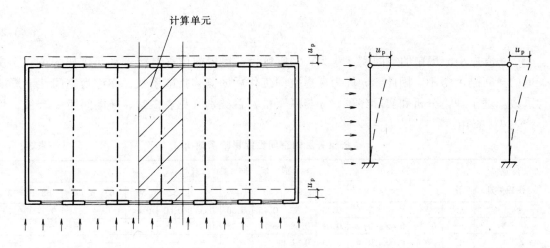

图 3-4 平面排架

特点，故每个开间墙或柱顶的水平位移也具有类似特点，如图 3-5 所示。以单层房屋为例，中间单元墙或柱顶水平位移最大，可用下式表达：

$$u_s = u + u_1 \leqslant u_p \tag{3-1}$$

式中 u_s——中间计算单元墙、柱顶点的水平位移；

     u——山墙顶点的水平位移；

     u_1——屋盖沿纵向复合梁的最大水平位移；

     u_p——平面排架顶点的水平位移。

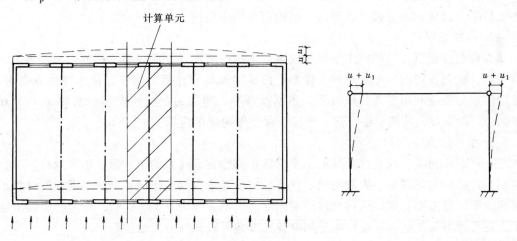

图 3-5 空间排架

式（3-1）表明房屋考虑空间受力性能后，其水平位移减小。影响房屋空间受力性能的因素较多，主要因素有屋（楼）盖复合梁在其自身平面内的刚度、横墙或山墙的间距以及横墙或山墙在其自身平面内的刚度。屋（楼）盖复合梁平面内刚度大时，其弯曲变形小；横墙或山墙间距小时，屋（楼）盖复合梁跨度小，受弯时挠度亦小；横墙或山墙刚度大时，横墙或山墙墙顶位移小，屋（楼）盖平移亦小。反之，墙、柱及屋（楼）盖的水平位移大，房屋的空间受力性能差。

$$令 \qquad \eta = \frac{u_s}{u_p} \qquad\qquad (3\text{-}2)$$

η 值愈小，房屋的空间刚度愈大；η 值愈大，房屋的位移愈接近平面排架的位移，房屋的空间刚度愈小。因此，η 称为考虑空间工作后的侧移折减系数，亦称为空间性能影响系数。基于理论分析和实际经验，η 与屋（楼）盖类别（见表 3-2）、横墙间距 s 有关，可按表 3-1 查用。

房屋各层的空间性能影响系数 η_i 　　　　　　　　表 3-1

屋盖或楼盖类别	横 墙 间 距 s（m）													
	16	20	24	28	32	36	40	44	48	52	56	60	64	68	72
1	—	—	—	—	0.33	0.39	0.45	0.50	0.55	0.60	0.64	0.68	0.71	0.74	0.77
2	—	0.35	0.45	0.54	0.61	0.68	0.73	0.78	0.82						
3	0.37	0.49	0.60	0.68	0.75	0.81									

注：i 取 $1 \sim n$，n 为房屋的层数。

二、房屋静力计算方案的划分

根据屋盖或楼盖的类别和横墙的间距，按表 3-2，混合结构房屋的静力计算方案划分为刚性方案、刚弹性方案和弹性方案。

1. 刚性方案

在荷载作用下，房屋的水平位移很小，可忽略不计，此时墙、柱的内力按屋架、大梁与墙、柱为不动铰支承的竖向构件计算的房屋，称为刚性方案房屋。这种房屋的横墙间距较小、屋（楼）盖刚度较大，房屋的空间性能影响系数 η 小于 $0.33 \sim 0.37$，常在混合结构多层住宅、公寓、办公楼、教学楼、医院等房屋中应用。

2. 弹性方案

在荷载作用下，房屋的水平位移较大，不能忽略不计，此时墙、柱的内力按屋架、大梁与墙、柱为铰接的不考虑空间工作的平面排架或框架计算的房屋，称为弹性方案房屋。这种房屋的横墙间距较大，屋（楼）盖刚度较小，房屋的空间性能影响系数 η 大于 $0.77 \sim 0.82$，常在混合结构单层厂房、仓库、食堂等房屋中应用。

3. 刚弹性方案

在荷载作用下，墙、柱顶端的水平位移较弹性方案房屋的小，但又不可忽略不计，此时墙、柱的内力按屋架、大梁与墙、柱为铰接的考虑空间工作的平面排架或框架计算的房屋称为刚弹性方案房屋。这种房屋的空间性能影响系数为 $0.33 \sim 0.82$，房屋的空间刚度介于上述两种方案之间。在设计中采用刚弹性方案可较弹性方案经济。

房屋的静力计算方案 　　　　　　　　　　表 3-2

	屋盖或楼盖类别	刚性方案	刚弹性方案	弹性方案
1	整体式、装配整体和装配式无檩体系钢筋混凝土屋盖或钢筋混凝土楼盖	$s < 32$	$32 \leq s \leq 72$	$s > 72$
2	装配式有檩体系钢筋混凝土屋盖、轻钢屋盖和有密铺望板的木屋盖或木楼盖	$s < 20$	$20 \leq s \leq 48$	$s > 48$
3	瓦材屋面的木屋盖和轻钢屋盖	$s < 16$	$16 \leq s \leq 36$	$s > 36$

注：1. 表中 s 为房屋横墙间距，其长度单位为"m"；

2. 对无山墙或伸缩缝处无横墙的房屋，应按弹性方案考虑。

三、刚性和刚弹性方案房屋的横墙

考虑空间作用的房屋，其横墙应具有足够的刚度。为此，刚性方案和刚弹性方案房屋的横墙应符合下列要求：

（1）横墙的厚度不宜小于 180mm；

（2）横墙中开有洞口时，洞口的水平截面面积不应超过横墙截面面积的 50%；

（3）单层房屋的横墙长度不宜小于其高度，多层房屋的横墙长度不宜小于 $H/2$（H 为横墙总高度）。

当横墙不能同时符合上述要求时，应对横墙的刚度进行验算。如其最大水平位移值 $u_{max} \leqslant H/4000$ 时，仍可视作刚性和刚弹性方案房屋的横墙。凡符合此刚度要求的一段横墙或其他结构构件（如框架等），也可视作刚性和刚弹性方案房屋的横墙。

四、墙、柱的计算高度

墙、柱的计算高度是指墙、柱进行承载力计算或高厚比验算时所采用的高度。墙、柱计算高度 H_0 除了与墙、柱实际高度 H 有关外，还与房屋的静力计算方案及墙、柱周边支承条件等有关。刚性方案房屋的空间刚度比弹性方案的大，因此，刚性方案房屋的墙、柱计算高度往往比弹性方案房屋的小。对于刚性方案房屋中带壁柱墙或周边有拉结的墙，其 H_0 还与横墙间距 s 有关。根据弹性稳定理论分析结果并考虑偏于安全，受压构件的计算高度 H_0 可按表 3-3 的规定采用。

受压构件的计算高度 H_0 表 3-3

房 屋 类 别			柱		带壁柱墙或周边拉结的墙		
			排架方向	垂直排架方向	$s > 2H$	$2H \geqslant s > H$	$s \leqslant H$
有吊车的单层房屋	变截面柱上段	弹性方案	$2.5H_u$	$1.25H_u$	$2.5H_u$		
		刚性、刚弹性方案	$2.0H_u$	$1.25H_u$	$2.0H_u$		
	变截面柱下段		$1.0H_l$	$0.8H_l$	$1.0H_l$		
无吊车的单层和多层房屋	单跨	弹性方案	$1.5H$	$1.0H$	$1.5H$		
		刚弹性方案	$1.2H$	$1.0H$	$1.2H$		
	多跨	弹性方案	$1.25H$	$1.0H$	$1.25H$		
		刚弹性方案	$1.10H$	$1.0H$	$1.1H$		
	刚性方案		$1.0H$	$1.0H$	$1.0H$	$0.4s + 0.2H$	$0.6s$

注：1. 表中 H_u 为变截面柱的上段高度；H_l 为变截面柱的下段高度；

2. 对于上端为自由端的构件，$H_0 = 2H$；

3. 独立砖柱，当无柱间支撑时，柱在垂直排架方向的 H_0 应按表中数值乘以 1.25 后采用；

4. s—房屋横墙间距；

5. 自承重墙的计算高度应根据周边支承或拉接条件确定。

表 3-3 中墙、柱的高度 H 应按下列规定采用：

（1）房屋底层墙、柱的高度 H，为楼板顶面到构件下端支点的距离。下端支点的位置，可取在基础顶面。当墙、柱基础埋置较深且有刚性地坪时，可取室外地面下 500mm 处。

（2）房屋其他层次的墙、柱的高度 H，为楼板或其他水平支点间的距离。

（3）对于无壁柱的山墙的高度 H，可取层高加山墙尖高度的 1/2；对于带壁柱的山墙，则可取壁柱处的山墙高度。

五、墙、柱的计算截面

正确取用截面翼缘宽度 b_f，是确定混合结构房屋中墙、柱的计算截面的关键，可按下列规定采用：

（1）单层房屋中，带壁柱墙的计算截面翼缘宽度 b_f 可取壁柱宽加 2/3 墙高，但不大于窗间墙宽度和相邻壁柱间的距离。

（2）多层房屋中，当有门窗洞口时，带壁柱墙的计算截面翼缘宽度 b_f 可取窗间墙宽度；当无门窗洞口时，每侧翼墙宽度可取壁柱高度的 1/3。

（3）计算带壁柱墙的条形基础时，计算截面翼缘宽度 b_f 可取相邻壁柱间的距离。

（4）当转角墙段角部受竖向集中荷载时，计算截面的长度可从角点算起，每侧宜取层高的 1/3。当上述墙体范围内有门窗洞口时，则计算截面取至洞边，但不宜大于层高的 1/3。

第三节 墙 体 构 造 要 求

在砌体结构和构件的承载力计算中有的因素尚未得到考虑或考虑得不充分，如砌体结构的整体性，结构计算简图与实际受力的差异，以及砌体的收缩、温度变形等因素的影响。因此，在砌体结构设计时，除了使计算结果满足要求外，还须采取必要和合理的构造措施。只有这样才能全面确保砌体结构安全和正常使用。混合结构房屋的墙体除符合一般构造要求外，还包括符合墙、柱高厚比的要求；圈梁的布置要求以及防止或减轻墙体开裂的措施。

一、墙、柱高厚比要求

墙、柱的高厚比是指墙、柱的计算高度和墙厚或矩形柱较小边长的比值，用符号 β 表示。墙、柱的高厚比越大，尤其是墙上开洞，对墙、柱的稳定性愈不利。因此，为了确保砌体结构稳定、满足正常使用极限状态要求，必须对墙、柱高厚比加以限制。

1. 矩形截面墙、柱高厚比的验算

矩形截面墙、柱高厚比应按下式验算：

$$\beta = \frac{H_0}{h} \leqslant \mu_1 \mu_2 [\beta] \tag{3-3}$$

$$\mu_2 = 1 - 0.4 \frac{b_s}{s} \tag{3-4}$$

式中　H_0——墙、柱的计算高度，应按表 3-3 确定；

　　　h——墙厚或矩形柱与 H_0 相对应的边长；

　　$[\beta]$——墙、柱的允许高厚比，应按表 3-4 确定；

　　　μ_1——自承重墙（$h \leqslant 240mm$）允许高厚比的修正系数，按下列规定采用：

　　　　　　当 $h = 240mm$ 时，$\mu_1 = 1.2$；

　　　　　　当 $h = 90mm$ 时，$\mu_1 = 1.5$；

　　　　　　当 $240mm > h > 90mm$ 时，μ_1 可按直线内插法取值；

μ_2——有门窗洞口墙允许高厚比的修正系数：

b_s——在宽度 s 范围内的门窗洞口总宽度，如图 3-6 所示；

s——相邻窗间墙或壁柱之间的距离。

当按式（3-4）计算的 μ_2 值小于 0.7 时，应取 $\mu_2 = 0.7$。当洞口高度等于或小于墙高的 1/5 时，可取 $\mu_2 = 1.0$。

墙、柱的允许高厚比 $[\beta]$ 值   表 3-4

砂浆强度等级	墙	柱
M2.5	22	15
M5.0	24	16
≥M7.5	26	17

注：1. 毛石墙、柱允许高厚比应按表中数值降低 20%；

2. 砖砌体和钢筋混凝土面层或钢筋砂浆面层的组合砌体构件的允许高厚比，可按表中数值提高 20%，但不得大于 28；

3. 验算施工阶段砂浆尚未硬化的新砌砌体高厚比时，允许高厚比对墙取 14，对柱取 11。

为了正确运用式（3-3），现进一步说明如下：

（1）允许高厚比 $[\beta]$

允许高厚比限值 $[\beta]$ 主要是根据房屋中墙、柱的稳定性由工程实践经验确定，与墙、柱的承载力计算无关。砂浆强度等级愈高、砌筑质量愈好，块体和砂浆之间的粘结强度愈大，对墙体稳定性愈有利，块体强度等级的影响则不明显。

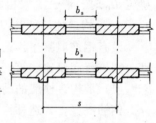

图 3-6 洞口宽度

（2）修正系数 μ_1

根据弹性稳定理论，自承重墙的临界荷载要比承重墙的大。另一方面，自承重墙属房屋中的次要构件。因此可适当放宽自承重墙的允许高厚比限值，即将 $[\beta]$ 值乘以一个大于 1 的系数 μ_1。

当自承重墙的上端为自由时，$[\beta]$ 值除按上述规定提高外，尚可提高 30%；对厚度小于 90mm 的墙，当双面用不低于 M10 的水泥砂浆抹面，包括抹面层的墙厚不小于 90mm 时，可按墙厚等于 90mm 验算高厚比。

（3）修正系数 μ_2

墙体上开洞，将削弱墙体的整体性和刚度，对墙体的稳定性不利，此时对墙体允许高厚比限值 $[\beta]$ 应更加严格，计算时将 $[\beta]$ 值乘以一个小于 1 的系数 μ_2 来考虑这一不利影响。

（4）相邻两横墙间的距离很小的墙

当与墙连接的相邻两横墙间的距离 $s \leqslant \mu_1 \mu_2 [\beta] h$ 时，墙体的稳定性能够满足要求，墙的计算高度 H_0 可不受式（3-3）的限制。

（5）变截面柱高厚比验算

对于变截面柱，分别对上、下截面进行高厚比验算，且验算上柱高厚比时，墙、柱的允许高厚比 $[\beta]$ 可按表 3-4 的数值乘以 1.3 后采用。

2. 带壁柱墙的高厚比验算

单层或多层房屋的进深较大时，纵墙常设壁柱成为带壁柱墙，需对整片墙和壁柱间墙分别进行高厚比验算。

（1）整片墙的高厚比验算

带壁柱墙的截面为 T 形，验算时应以带壁柱墙截面的折算厚度 h_T 代替 h，即

$$\beta = \frac{H_0}{h_T} \leqslant \mu_1 \mu_2 [\beta] \tag{3-5}$$

式中　h_T——带壁柱墙截面的折算厚度，$h_T = 3.5i$；

　　　　i——带壁柱墙截面的回转半径，$i = \sqrt{\dfrac{I}{A}}$；

　　I、A——分别为带壁柱墙截面的惯性矩和面积。

确定式（3-5）中带壁柱墙的计算高度 H_0 时，墙长 s 取相邻横墙间的距离。

计算截面回转半径 i 时，带壁柱墙的计算截面的翼缘宽度 b_f，应按本章第二节的规定取值。

（2）壁柱间墙的高厚比验算

壁柱间墙的高厚比按式（3-3）进行验算，此时可将壁柱视为壁柱间墙的不动铰支点，确定 H_0 时，墙长 s 取相邻壁柱间的距离。

3. 带构造柱墙的高厚比验算

设有钢筋混凝土构造柱的砌体墙与带壁柱的砌体墙类似，需对带构造柱墙和构造柱间墙分别进行高厚比验算。

（1）带构造柱墙的高厚比验算

钢筋混凝土构造柱可提高墙体使用阶段的稳定性和刚度，带构造柱墙的允许高厚比可适当提高。当构造柱截面宽度不小于墙厚 h 时，带构造柱墙的高厚比可按下式验算：

$$\beta = \frac{H_0}{h} \leqslant \mu_1 \mu_2 \mu_c [\beta] \tag{3-6}$$

$$\mu_c = 1 + \gamma \frac{b_c}{l} \tag{3-7}$$

式中　h——墙厚；

　　　γ——系数，对细料石、半细料石砌体，$\gamma = 0$；对混凝土砌块、粗料石、毛料石及毛石砌体，$\gamma = 1.0$；其他砌体，$\gamma = 1.5$；

　　　b_c——构造柱沿墙长方向的宽度；

　　　l——构造柱的间距。

当 $b_c/l > 0.25$ 时，取 $b_c/l = 0.25$；当 $b_c/l < 0.05$ 时，取 $b_c/l = 0$。原因是当构造柱间距过大时，对墙体稳定性和刚度的有利影响不大，偏于安全取 $\mu_c = 1.0$。

确定式（3-6）中的墙体计算高度 H_0 时，s 取相邻横墙间的距离。

（2）构造柱间墙的高厚比验算

构造柱间墙的高厚比亦可按式（3-3）进行验算，此时可将构造柱视为构造柱间墙的不动铰支点，确定 H_0 时，墙长 s 取相邻构造柱间的距离。

对于设有钢筋混凝土圈梁的带壁柱墙或带构造柱墙，当 $b/s \geqslant 1/30$（b 为圈梁宽度）时，圈梁可视作壁柱间墙或构造柱间墙的不动铰支点。如不允许增加圈梁宽度，可按墙体平面外等刚度原则增加圈梁高度，以满足壁柱间墙或构造柱间墙不动铰支点的要求。此时，墙体的计算高度 H_0 为圈梁间的距离。

【例题 3-1】 某单层仓库，全长 $7 \times 6m = 42m$，跨度 15m，层高 4.2m，平面布置及墙截面如图 3-7 所示。屋面采用预制钢筋混凝土大型屋面板，纵横墙采用烧结页岩砖 MU10、水泥混合砂浆 M7.5 砌筑，施工质量控制等级为 B 级。山墙内设置的构造柱截面尺寸为 $240mm \times 240mm$。试验算各墙的高厚比。

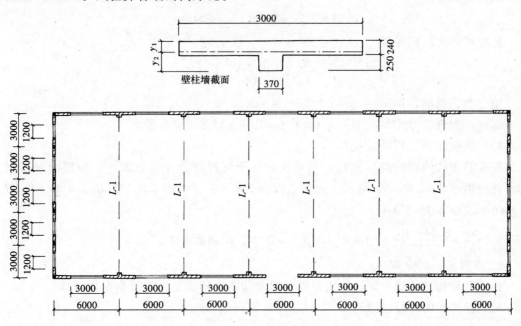

图 3-7 例题 3-1 仓库平面图

【解】 因房屋的屋盖类别为 1 类，山墙间距 $s = 42m$，查表 3-2，$32m < s < 72m$，故本房屋属刚弹性方案。

壁柱下端嵌固于室内地面以下 0.5m 处，墙体高度 $H = 4.2 + 0.5 = 4.7m$。

1. 纵墙高厚比验算

本房屋的纵墙为带壁柱墙，因此需分别对整片墙和壁柱间墙的高厚比进行验算。

（1）整片墙的高厚比验算

山墙间距 $s = 42m$，查表 3-3，$H_0 = 1.2H = 1.2 \times 4.7 = 5.64m$。

查表 3-4，$[\beta] = 26$

该纵墙为 T 形截面，故需先确定其折算厚度，然后计算其高厚比。

带壁柱墙截面面积

$$A = 3000 \times 240 + 370 \times 250 = 8.125 \times 10^5 mm^2$$

截面重心位置

$$y_1 = \frac{3000 \times 240 \times 120 + 370 \times 250 \times (240 + 250/2)}{8.125 \times 10^5} = 148mm$$

$$y_2 = 240 + 250 - 148 = 342mm$$

截面惯性矩

$$I = \frac{1}{3} \left[3000 \times 148^3 + 370 \times 342^3 + (3000 - 370)(240 - 148)^3 \right] = 8.86 \times 10^9 mm^4$$

截面回转半径

$$i = \sqrt{\frac{I}{A}} = \sqrt{\frac{8.86 \times 10^9}{8.125 \times 10^5}} = 104\text{mm}$$

截面折算厚度

$$h_T = 3.5i = 3.5 \times 104 = 364\text{mm}$$

整片墙的实际高厚比

$$\beta = \frac{H_0}{h_T} = \frac{5.64 \times 10^3}{364} = 15.5$$

墙上有门窗洞，$\mu_2 = 1 - 0.4 \times 3/6 = 0.8 > 0.7$。

纵墙的允许高厚比 $\mu_2 [\beta] = 0.8 \times 26 = 20.8 > 15.5$，满足要求。

（2）壁柱间墙的高厚比验算

在验算壁柱间墙的高厚比时，不论房屋属于何种静力计算方案，一律按刚性方案考虑。此时墙厚 $h = 240\text{mm}$，墙长 $s = 6\text{m}$，查表 3-3，因 $H < s < 2H$，故 $H_0 = 0.4s + 0.2H = 0.4 \times 6 + 0.2 \times 4.7 = 3.34\text{m}$。

$$\beta = \frac{H_0}{h} = \frac{3.34 \times 10^3}{240} = 13.9 < \mu_2 [\beta] = 20.8，亦满足要求。$$

2. 山墙高厚比验算

山墙为带构造柱墙，因此也需对整片墙和构造柱间墙分别进行高厚比验算。

（1）整片墙的高厚比验算

$$\frac{b_c}{l} = \frac{240}{3000} = 0.08 > 0.05$$

山墙长 $s = 15\text{m} > 2H = 9.4\text{m}$，查表 3-3，$H_0 = 1.2H = 1.2 \times 4.7 = 5.64\text{m}$。

$$\mu_2 = 1 - 0.4 \times \frac{1.2}{3} = 0.84 > 0.7$$

$$\mu_c = 1 + \gamma \frac{b_c}{l} = 1 + 1.5 \times 0.08 = 1.12$$

$$\beta = \frac{H_0}{h} = \frac{5.64 \times 10^3}{240} = 23.5 < \mu_2 \mu_c [\beta]$$

$$= 0.84 \times 1.12 \times 26 = 24.5，满足要求。$$

（2）构造柱间墙的高厚比验算

构造柱间距 $s = 3\text{m} < H$，查表 3-3，$H_0 = 0.6s = 0.6 \times 3 = 1.8\text{m}$

$$\beta = \frac{H_0}{h} = \frac{1.8 \times 10^3}{240} = 7.5 < \mu_2 [\beta] = 0.84 \times 26 = 21.8，亦满足要求。$$

【例题 3-2】 某三层办公楼平、剖面图如图 3-8 所示，屋盖、楼盖采用预制钢筋混凝土空心板，墙体采用混凝土小型空心砌块 MU10、水泥混合砂浆 Mb5 砌筑，双面粉刷，施工质量控制等级为 B 级。墙厚 190mm，窗洞尺寸为 1800mm × 1800mm，门洞尺寸为 1000mm × 2100mm。试验算各墙体的高厚比。

【解】 房屋最大横墙间距 $s = 4.2 \times 3 = 12.6\text{m}$，屋（楼）盖类别为 1 类，查表 3-2，$s < 32\text{m}$，本房屋属刚性方案。

1. 外纵墙的高厚比验算

由于各层墙体的砂浆强度等级相同，而底层墙高度最大，故取底层Ⓐ轴线上横墙间距最大的一段外纵墙进行高厚比验算。该纵墙为带壁柱墙，需分别验算整片墙和壁柱间墙的高厚比。

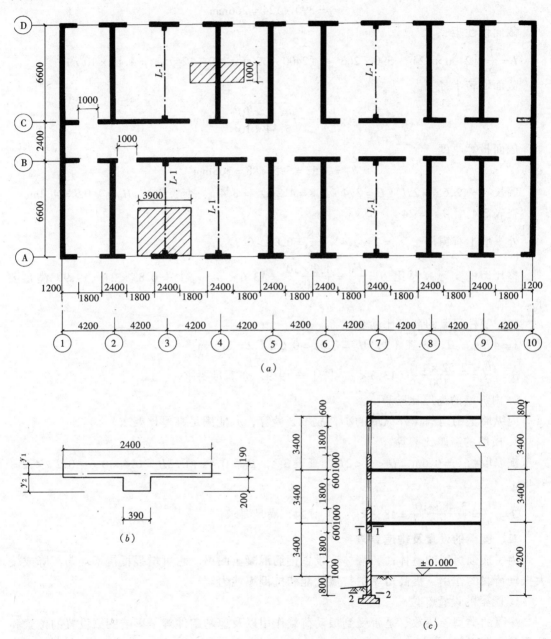

图 3-8　例题 3-2 某办公楼平面、剖面图
（a）平面图；（b）窗间墙；（c）剖面

（1）整片墙的高厚比验算

带壁柱墙截面面积

$$A = 2400 \times 190 + 390 \times 200 = 5.34 \times 10^5 \, \text{mm}^2$$

65

截面重心位置

$$y_1 = \frac{2400 \times 190 \times 95 + 390 \times 200 \times （190 + 200/2）}{5.34 \times 10^5} = 124mm$$

$$y_2 = 390 - 124 = 266mm$$

截面惯性矩

$$I = \frac{1}{3}\left[2400 \times 124^3 + 390 \times 266^3 + （2400 - 390）（190 - 124）^3\right] = 4.17 \times 10^9 mm^4$$

截面回转半径

$$i = \sqrt{\frac{I}{A}} = \sqrt{\frac{4.17 \times 10^9}{5.34 \times 10^5}} = 88mm$$

截面折算厚度

$$h_T = 3.5i = 3.5 \times 88 = 308mm$$

墙长 $s = 12.6m > 2H$（$H = 3.4 + 0.8 = 4.2m$）$= 8.4m$，查表 3-3，$H_0 = 1.0H = 4.2m$。查表 3-4，$[\beta] = 24$

外纵墙上有窗洞，$\mu_2 = 1 - 0.4 \times \frac{1.8}{4.2} = 0.83 > 0.7$。

整片墙的实际高厚比 $\beta = \frac{H_0}{h_T} = \frac{4.2 \times 10^3}{308} = 13.6 < \mu_2 [\beta] = 0.83 \times 24 = 19.9$，满足要求。

（2）壁柱间墙的高厚比验算

$s = 4.2m = H$，查表 3-3，$H_0 = 0.6s = 0.6 \times 4.2 = 2.52m$。

$\beta = \frac{H_0}{h} = \frac{2.52 \times 10^3}{190} = 13.3 < \mu_2 [\beta] = 19.9$，亦满足要求。

2. 内纵墙的高厚比验算

内纵墙上的门洞比外纵墙的小，故不必验算，亦能满足高厚比要求。

3. 横墙的高厚比验算

横墙墙长 $s = 6.6m$，$H < s < 2H$，查表 3-3，$H_0 = 0.4s + 0.2H = 0.4 \times 6.6 + 0.2 \times 4.2 = 3.48m$

$\beta = \frac{H_0}{h} = \frac{3.48 \times 10^3}{190} = 18.3 < [\beta] = 24$，满足要求。

二、圈梁的设置及构造要求

为了加强房屋的整体性，墙体应设置钢筋混凝土圈梁。它可增强抵抗不均匀沉降或较大振动荷载的作用，提高房屋的抗震性能和抗倒塌能力。

1. 圈梁的设置部位

房屋的类型、层数、是否受到振动荷载作用以及地基条件等是影响圈梁设置的位置和数量的主要因素。

（1）车间、仓库、食堂等空旷的单层房屋，檐口标高为 5～8m（砖砌体房屋）或 4～5m（砌块及料石砌体房屋）时，应在檐口标高处设置一道圈梁，檐口标高大于 8m（砖砌体房屋）或 5m（砌块及料石砌体房屋）时，应增加设置数量。

有吊车或较大振动设备的单层工业房屋，除在檐口或窗顶标高处设置现浇钢筋混凝土圈梁外，尚应增加设置数量。

66

（2）宿舍、办公楼等多层砌体民用房屋，且层数为 3 ~ 4 层时，应在底层、檐口标高处设置一道圈梁。当层数超过 4 层时，至少应在所有纵横墙上隔层设置。

多层砌体工业房屋，应在每层设置现浇钢筋混凝土圈梁。

设置墙梁的多层砌体房屋应在托梁、墙梁顶面和檐口标高处设置现浇钢筋混凝土圈梁，其他楼层处应在所有纵、横墙上每层设置。

（3）建筑在软弱地基或不均匀地基上的砌体房屋，除按上述规定设置圈梁外，尚应符合《建筑地基基础设计规范》（GB50007—2002）的有关规定。

2．圈梁的构造

房屋中设置圈梁后，圈梁的受力及内力分析比较复杂，尚难以进行计算，因此一般均按构造要求设置。

（1）圈梁宜连续地设在同一水平面上，并形成封闭状；当圈梁被门窗洞口截断时，应在洞口上部增设相同截面的附加圈梁。附加圈梁与圈梁的搭接长度不应小于其中到中垂直间距的 2 倍，且不得小于 1m，如图 3-9 所示。

（2）纵、横墙交接处的圈梁应有可靠的连接。刚弹性和弹性方案房屋中的圈梁应与屋架、大梁等构件可靠连接。

（3）钢筋混凝土圈梁的宽度宜与墙厚相同，当墙厚 $h \geqslant 240mm$ 时，其宽度不宜小于 $2h/3$。圈梁高度不应小于 120mm。纵向钢筋不应少于 $4\phi10$，绑扎接头的搭接长度按受拉钢筋考虑，箍筋间距不应大于 300mm。

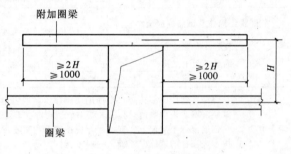

图 3-9　附加圈梁

（4）圈梁兼作过梁时，过梁部分的钢筋应按计算用量另行增配。

采用现浇钢筋混凝土楼（屋）盖的多层砌体结构房屋的层数超过 5 层时，除在檐口标高处设置一道圈梁外，可隔层设置圈梁，并与楼（屋）面板一起现浇。未设置圈梁的楼面板嵌入墙内的长度不应小于 120mm，并沿墙长配置不少于 $2\phi10$ 的纵向钢筋。

三、防止或减轻墙体开裂的主要措施

混合结构房屋的屋（楼）盖常采用钢筋混凝土材料，而墙体则是砌体材料，这两种材料的物理力学性能和构件的刚度相差较大，在温度变形及地基不均匀沉降等作用下，易引起墙体开裂。

钢筋混凝土和砌体材料的线膨胀系数各不相同，钢筋混凝土的线膨胀系数为 $10 ~ 14 \times 10^{-6}/℃$，烧结普通砖砌体为 $5 \times 10^{-6}/℃$，混凝土砌块砌体则为 $10 \times 10^{-6}/℃$，毛料石砌体则为 $8 \times 10^{-6}/℃$。此外，钢筋混凝土屋盖和墙体变形并不协调，由于墙体与屋盖之间的相互支撑和约束，当温度升高时，墙体限制了屋盖的伸长变形，从而导致屋盖处于受压状态而墙体则处于受拉和受剪状态。房屋中屋顶温差较大，顶层端部墙体的拉应力和剪应力最大，墙体开裂现象亦较严重。通常，此处外纵墙和横墙的门、窗洞口处易产生呈八字形分布的裂缝，有的还在屋盖与墙体之间产生水平裂缝，纵、横墙交接处出现包角裂缝。这些裂缝均是由于墙体中的主拉应力或剪应力超过砌体的抗拉或抗剪强度所导致的。此外，负温差和砌体干缩共同作用下，房屋的中部可能产生拉应力，继而在墙体中形成上下贯通裂缝。综上所述，工程中应根据温度变化、砌体干缩、地基不均匀沉降等在墙体中引起的裂缝形式和分布规律采取相应的措施。应当指出，由于砌体的脆性性质及上述变形裂缝的复杂性，即使采取了许多措施，有时还不能根除其墙体的裂缝。

（一）防止或减轻由温差和砌体干缩引起墙体竖向裂缝的主要措施

温差和砌体干缩在墙体内产生的拉应力与房屋的长度成正比。房屋很长时，为了防止或减轻房屋在正常使用状态下由温差和砌体干缩引起墙体的竖向裂缝，应在温度和收缩变形可能引起应力集中、砌体产生裂缝可能性最大的墙体中设置伸缩缝。通常，伸缩缝设置在房屋的平面转折处、体型变化处、房屋的中间部位以及房屋的错层处。各类砌体房屋伸缩缝的最大间距可按表 3-5 采用。

砌体房屋伸缩缝的最大间距（m）　　　　　　　　　　　表 3-5

屋盖或楼盖类别		间 距
整体式或装配整体式钢筋混凝土结构	有保温层或隔热层的屋盖、楼盖	50
	无保温层或隔热层的屋盖	40
装配式无檩体系钢筋混凝土结构	有保温层或隔热层的屋盖、楼盖	60
	无保温层或隔热层的屋盖	50
装配式有檩体系钢筋混凝土结构	有保温层或隔热层的屋盖	75
	无保温层或隔热层的屋盖	60
瓦材屋盖、木屋盖或楼盖、轻钢屋盖		100

注：1. 对烧结普通砖、多孔砖、配筋砌块砌体房屋取表中数值；对石砌体、蒸压灰砂砖、蒸压粉煤灰砖和混凝土砌块房屋取表中数值乘以 0.8 的系数。当有实践经验并采取有效措施时，可不遵守本表规定；
　　2. 在钢筋混凝土屋面上挂瓦的屋盖应按钢筋混凝土屋盖采用；
　　3. 按本表设置的墙体伸缩缝，一般不能同时防止由于钢筋混凝土屋盖的温度变形和砌体干缩变形引起的墙体局部裂缝；
　　4. 层高大于 5m 的烧结普通砖、多孔砖、配筋砌块砌体结构单层房屋，其伸缩缝间距可按表中数值乘以 1.3；
　　5. 温差较大且变化频繁地区和严寒地区不采暖的房屋及构筑物墙体的伸缩缝的最大间距，应按表中数值予以适当减小；
　　6. 墙体的伸缩缝应与结构的其他变形缝相重合，在进行立面处理时，必须保证缝隙的伸缩作用。

（二）防止或减轻房屋顶层墙体裂缝的主要措施

减小屋盖与墙体之间的温差、选择整体性和刚度相对较小的屋盖、减小屋盖与墙体之间的约束以及提高墙体自身的抗拉、抗剪强度等均可有效地防止或减轻房屋顶层墙体的裂缝。设计时可采取下列措施：

（1）屋面应设置保温、隔热层。

墙体因温差引起的应力几乎与温差呈线性关系，屋面设置保温、隔热层可阻止或减少顶层墙体开裂。

（2）屋面保温（隔热）层或屋面刚性面层及砂浆找平层应设置分隔缝。设置分隔缝可减小屋面板温度应力以及屋面板与墙体之间的约束。其间距不宜大于 6m，并与女儿墙隔开，其缝宽不小于 30mm。

（3）采用装配式有檩体系钢筋混凝土屋盖和瓦材屋盖。

屋面的整体性和刚度越小，屋面因温度变化引起的水平位移也越小，墙体所受的温度应力亦随之降低。

（4）在钢筋混凝土屋面板与墙体圈梁的接触面处设置水平滑动层。

由于水平滑动层可减小屋面与墙体之间的约束，两者之间的约束愈小，屋面温度变化对墙体的影响也就愈小。滑动层可采用两层油毡夹滑石粉或橡胶片等。通常对于长纵墙，可只在其两端的 2~3 个开间内设置，对于横墙可只在其两端各 $l/4$ 范围内设置（l 为横墙长度）。

（5）顶层应设置圈梁、墙体加强。

顶层墙体的砂浆强度等级，不应低于 M5。顶层屋面板下设置现浇钢筋混凝土圈梁，并沿内、外墙拉通，房屋两端圈梁下的墙体内适当设置水平钢筋。

顶层挑梁末端下墙体灰缝内设置 3 道焊接钢筋网片（纵向钢筋不宜少于 $2\phi4$，横筋间距不宜大于 200mm）或 $2\phi6$ 钢筋，钢筋网片或钢筋应自挑梁末端伸入两边墙体不小于 1m，如图 3-10 所示。

顶层墙体有门、窗等洞口时，在过梁上的水平灰缝内设置 2~3 道焊接钢筋网片或 $2\phi6$ 钢筋，并应伸入过梁两端墙内不小于 600mm。

（6）顶层墙体应增设构造柱。

房屋顶层端部墙体受到的约束较大，在其端部墙体内适当增设构造柱，可提高墙体的抗拉、抗剪能力。女儿墙的砂浆强度等级不应低于 M5，且墙内应设置

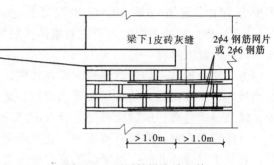

图 3-10 顶层挑梁末端配筋

构造柱，构造柱间距不宜大于 4m，构造柱应伸至女儿墙顶并与现浇钢筋混凝土压顶整浇在一起。

（三）防止或减轻房屋底层墙体裂缝的主要措施

地基不均匀沉降对房屋底层墙体的影响较其他楼层的大，同时底层窗洞边易产生应力集中。设计时可采取下列措施：

（1）增大基础圈梁的刚度。

（2）在底层的窗台下墙体灰缝内设置 3 道钢筋网片或 $2\phi6$ 钢筋，并伸入两边窗间墙内不小于 600mm。

（3）采用钢筋混凝土窗台板，窗台板嵌入窗间墙内不小于 600mm。

（四）墙体交接的主要防裂措施

加强墙体转角处和纵、横墙交接部位的整体性，有利于防裂。宜在上述部位沿竖向每隔 400~500mm 设拉结钢筋，其数量为每 120mm 墙厚不少于 $1\phi6$ 或焊接钢筋网片，埋入长度从墙的转角或交接处算起，每边不小于 600mm。

（五）非烧结块材墙体的主要防裂措施

由于灰砂砖、粉煤灰砖、混凝土砌块和其他非烧结砖砌体的干缩变形较大，为提高块材与砂浆之间的粘结强度，灰砂砖、粉煤灰砖砌体宜采用粘结性能好的砂浆砌筑，混凝土砌块砌体应采用砌块专用砂浆砌筑。此外，宜在这些墙体各层门、窗过梁上方的水平灰缝内及窗台下第一和第二道水平灰缝内设置焊接钢筋网片或 $2\phi6$ 钢筋，焊接钢筋网片或钢筋应伸入两边窗间墙内不小于 600mm。此外，当上述墙体墙长大于 5m 时，往往在墙体中部出现两端小、中间大的竖向收缩裂缝，因此，宜在每层墙高度中部设置 2~3 道焊接钢筋网片或 $3\phi6$ 的通长水平钢筋，竖向间距宜为 500mm。

（六）防止或减轻混凝土砌块房屋顶层两端和底层第一、第二开间门、窗洞处裂缝的主要措施

混凝土砌块砌体的干缩变形较普通砖砌体的大，混凝土砌块房屋顶层两端墙体、底层第一、第二开间门、窗洞处更易产生裂缝。设计上可采取下列措施：

1. 在门、窗洞口两侧不少于一个孔洞中设置不小于1ϕ12的钢筋，钢筋应在楼层圈梁或基础锚固，并采用不低于Cb20灌孔混凝土灌实。

（2）在门、窗洞口两边的墙体的水平灰缝中，设置长度不小于900mm、竖向间距为400mm的2ϕ4焊接钢筋网片。

（3）在顶层和底层设置通长钢筋混凝土窗台梁，窗台梁的高度宜为块高的模数，纵筋不少于4ϕ10、箍筋ϕ6@200、Cb20混凝土。

（七）防止地基不均匀沉降引起墙体开裂的主要措施

（1）设置沉降缝

为了防止地基不均匀沉降造成墙体开裂，房屋的建筑平面的转折部位；高度差异或荷载差异处；长高比过大的房屋的适当部位；地基土的压缩性有显著差异处；基础类型不同处，以及分期建造房屋的交界处宜设置沉降缝。

沉降缝与温度伸缩缝有所不同，它要求缝两侧房屋自基础到屋面在结构构造上完全分开，有利于沉降。此外，沉降缝的宽度较温度伸缩缝的宽，以保证相邻房屋不会因地基不均匀沉降产生倾斜导致相邻构件碰撞。其缝宽一般为：二～三层房屋取50～80mm；四～五层房屋取80～120mm；五层以上房屋不小于120mm。

（2）增强房屋的整体刚度和强度

墙体内宜设置钢筋混凝土圈梁；在墙体上开洞时，宜在开洞部位配筋或采用构造柱及圈梁加强。对于三层和三层以上的房屋，其长高比 L/H_f 宜小于或等于2.5（其中，L 为建筑物长度或沉降缝分隔的单元长度，H_f 为自基础底面标高算起的建筑物高度）；当房屋的长高比为 $2.5 < L/H_f \leqslant 3.0$ 时，宜做到纵墙不转折或少转折，并应控制其内横墙间距或增强基础刚度和强度。当房屋的预估最大沉降量小于或等于120mm时，其长高比可不受限制。

四、墙、柱的一般构造要求

（一）砌体材料的最低强度等级

块体和砂浆的强度等级愈高，砌体结构和构件的承载力愈大，房屋的耐久性也愈好。反之，房屋的耐久性则愈差，愈容易出现腐蚀风化现象，尤其是处于潮湿环境或有酸、碱等腐蚀性介质时，腐蚀风化更加严重，砂浆或砖易出现酥散、掉皮等现象。对于地面以下的墙体，由于地基土的含水量大，基础墙体维修困难，应采用耐久性较好的砌体材料并采取防潮等措施。不同受力情况和环境下的墙、柱所用材料的最低强度等级的规定，详见第一章第二节。

（二）墙、柱的截面最小尺寸、支承及连接构造要求

1. 墙、柱的截面最小尺寸

截面尺寸小的墙、柱，其承载力低，稳定性差，且受截面局部削弱和施工质量的影响更大。为此规定：承重的独立砖柱截面尺寸不应小于240mm×370mm；毛石墙的厚度不宜小于350mm；毛料石柱的截面较小边长不宜小于400mm。当有振动荷载时，墙、柱不宜采

用毛石砌体。

2. 壁柱设置

在墙体的支承处等部位设置壁柱可增强墙体的刚度和稳定性。当梁的跨度大于或等于6m（采用240mm厚的砖墙）、4.8m（采用180mm厚的砖墙）、4.8m（采用砌块、料石墙）时，其支承处宜加设壁柱，或采取其他加强措施。山墙处的壁柱宜砌至山墙顶部，屋面构件应与山墙可靠拉结。

3. 垫块设置

屋架、大梁端部支承处的砌体处于局部受压状态，为确保其局部受压承载力，对于跨度大于6m的屋架和跨度大于4.8m（采用砖砌体时）、4.2m（采用砌块或料石砌体时）、3.9m（采用毛石砌体时）的梁，应在支承处砌体上设置混凝土或钢筋混凝土垫块；当墙中设有圈梁时，垫块与圈梁宜浇成整体。

4. 支承构造

混合结构房屋中，屋架、大梁和楼板支承在墙、柱上，屋架、梁和楼板又是墙、柱的水平支承。为了确保竖向力和水平力的有效传递，它们之间应可靠的拉结。支承构造应符合下列要求：

对于预制钢筋混凝土板的支承长度，在墙上不宜小于100mm；在钢筋混凝土圈梁上不宜小于80mm；当采用板端伸出钢筋拉结和混凝土灌缝时，其支承长度可为40mm，但板端缝宽不小于80mm，灌缝混凝土强度等级不宜低于C20。

支承在墙、柱上的吊车梁、屋架及跨度大于或等于9m（支承于砖砌体上）、7.2m（支承于砌块和料石砌体上）的预制梁的端部，应采用锚固件与墙、柱上的垫块锚固。

5. 填充墙、隔墙与墙、柱连接

填充墙、隔墙与墙、柱连接处应采用拉结钢筋等构造措施予以加强，以确保填充墙、隔墙的稳定性，避免连接处墙体开裂。

（三）混凝土砌块墙体的构造要求

混凝土砌块的块体高、壁薄，应采取下列措施增加混凝土砌块房屋的整体刚度、提高其抗裂能力：

（1）砌块砌体应分皮错缝搭砌，上、下皮搭砌长度不得小于90mm。当搭砌长度不满足上述要求时，应在水平灰缝内设置不少于$2\phi4$的焊接钢筋网片（横向钢筋的间距不宜大于200mm），网片每端均应超过该垂直缝，其长度不得小于300mm。

（2）砌块墙与后砌隔墙交接处，应沿墙高每400mm在水平灰缝内设置不少于$2\phi4$、横墙间距不应大于200mm的焊接钢筋网片，如图3-11所示。

（3）混凝土砌块房屋，宜将纵、横墙交接处距墙中心线每边不小于300mm范围内的孔洞，采用不低于Cb20灌孔混凝土灌实，灌实高度应为墙身全高。

（4）混凝土砌块墙体的下列部位，如未设圈梁或混凝土垫块，应采用不低于Cb20灌孔混凝土将孔洞灌实：

1）搁栅、檩条和钢筋混凝土楼板的支承面下，高度不应小于200mm的砌体；

2）屋架、梁等构件的支承面下，高度不应小于600mm，长度不应小于600mm的砌体；

3）挑梁支承面下，距墙中心线每边不应小于300mm，高度不应小于600mm的砌体。

（四）砌体中留槽洞及埋设管道时的构造要求

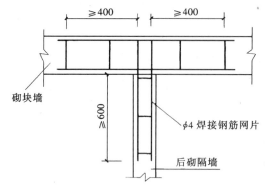

图 3-11 砌块墙与后砌隔墙连接

砌体中预留槽洞及埋设管道对砌体的承载力影响较大，尤其是对截面尺寸较小的承重墙体、独立柱更加不利。因此，不应在截面长边小于500mm的承重墙体、独立柱内埋设管线；不宜在墙体中穿行暗线或预留、开凿沟槽，无法避免时应采取必要的措施或按削弱后的截面验算墙体的承载力。对受力较小或未灌孔的砌块砌体，允许在墙体的竖向孔洞中设置管线。

（五）夹心墙的构造要求

夹心墙由内、外叶墙和中间空腔中采用高效保温性能材料组成，有利于建筑节能。通常其内叶墙承重，外叶墙作保护、装饰层。为了使夹心墙的受力和稳定性能良好，有足够的耐久性，对夹心墙的材料、夹层厚度以及内、外叶墙的拉结材料和连接等方面均应满足一定的构造要求。

第四节　刚性方案房屋墙、柱计算

房屋墙、柱计算时需首先确定计算简图，进行内力分析，最后作截面承载力验算。对于刚性方案房屋的墙、柱亦是如此。

1. 计算简图

刚性方案房屋在荷载作用下，房屋的水平位移很小，可忽略不计。因此，对于单层刚性方案房屋承重墙、柱，其计算简图如图3-12（a）所示，墙、柱为上端不动铰支承于屋盖、下端嵌固于基础顶面的竖向构件。

对于多层刚性方案房屋承重墙，在竖向荷载作用下，因楼盖支承处墙体截面受到削弱，传递弯矩的能力有限，偏于安全地将楼、屋盖支承视作铰接；对于底层基础顶面，虽然墙体截面未受削弱，但考虑该截面所受的轴向力作用比该截面的弯矩作用大得多，因而，底端亦视作铰接。因此，墙、柱在每层高度范围内近似地视作两端铰支的竖向构件，其计算简图如图3-12（c）所示。在水平荷载作用下，考虑楼板支承处能传递一定的弯矩，将墙、柱视作竖向连续梁，其计算简图如图3-12（d）所示。

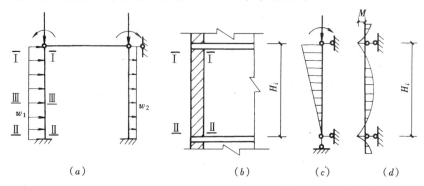

图 3-12　刚性方案房屋墙、柱计算简图

计算时，对于承重纵墙，通常取一个有代表性或较不利的开间墙、柱作为计算单元；对于承重横墙，则沿墙轴线取宽度为 1.0m 的墙作为计算单元。

分析表明：对于刚性方案房屋，一般情况下风荷载引起的内力往往不足全部内力的 5%，墙体计算主要是指竖向荷载作用下的承载力计算。多层刚性方案房屋的外墙符合下列要求时，可不考虑风荷载的影响：

(1) 洞口水平截面面积不超过全截面面积的 2/3；

(2) 层高和总高不超过表 3-6 的规定。

(3) 屋面自重不小于 $0.8kN/m^2$。

外墙不考虑风荷载影响时的最大高度   表 3-6

基本风压值 (kN/m^2)	层 高 (m)	总 高 (m)	基本风压值 (kN/m^2)	层 高 (m)	总 高 (m)
0.4	4.0	28	0.6	4.0	18
0.5	4.0	24	0.7	3.5	18

注：对于多层砌块房屋的外墙，当墙厚为 190mm，层高不大于 2.8m，总高不大于 19.6m，基本风压不大于 $0.7kN/m^2$ 时可不考虑风荷载的影响。

2. 内力分析

对于单层刚性方案房屋墙、柱，在竖向荷载和水平风荷载作用下，其控制截面有三个，分别为墙、柱的上端截面 Ⅰ-Ⅰ、下端截面 Ⅱ-Ⅱ 以及均布风荷载作用下的最大弯矩截面 Ⅲ-Ⅲ，如图 3-12(a) 所示。其中，竖向荷载包括屋盖自重、屋面活荷载或雪荷载以及墙、柱自重。屋面荷载通过屋架或大梁的支承反力 N_l 作用于墙体顶部，对于屋架，N_l 的作用点常为屋架上、下弦中心线交点处，一般距墙定位轴线 150mm，如图 3-13(a) 所示；对于屋面大梁，考虑梁端支承处砌体具有一定的塑性内力重分布性质，N_l 离墙内边缘的距离取 $0.4a_0$（a_0 为有效支承长度），如图 3-13(b) 所示。

竖向荷载作用下，截面 Ⅰ-Ⅰ 处的内力为 $N_Ⅰ = N_l$，$M_Ⅰ = M_l$（$= N_l e_l$，e_l 为 N_l 的偏心距）；截面 Ⅱ-Ⅱ 处的内力为 $N_Ⅱ = N_l + N_G$（N_G 为墙、柱自重），$M_Ⅱ = -M_l/2$。

水平风荷载包括屋面风荷载和墙面风荷载两部分。刚性方案中，由于屋面风荷载最后以集中力形式通过屋架或大梁传给横墙，因此不会引起墙、柱内力。墙面风荷载作用下，截面 Ⅰ-Ⅰ 处的弯矩 $M_Ⅰ = 0$，截面 Ⅱ-Ⅱ 处的弯矩 $M_Ⅱ = wH^2/8$，截面 Ⅲ-Ⅲ 处的弯距 $M_Ⅲ = -9wH^2/128$（该截面离截面 Ⅱ-Ⅱ 的距离为墙、柱计算高度的 3/8），计算时，迎风面 $w = w_1$，背风面 $w = -w_2$。

对于多层刚性方案房屋墙、柱，每层墙、柱的控制截面有两个，即墙、柱的上端截面 Ⅰ-Ⅰ 和下端截面 Ⅱ-Ⅱ，如图 3-12(b) 所示。

每层墙、柱承受的竖向荷载包括上部楼层传来的竖向荷载 N_u、本层传来的竖向荷载 N_l 以及本层墙体自重 N_G。N_u、N_l 作用点位置如图 3-13(c) 所示，其中，N_u 作用于上一楼层墙、柱截面的重心处，N_l 离墙内边缘的距离为 $0.4a_0$，N_G 则作用于本层墙体截面重心处。

竖向荷载作用下，每层墙、柱截面 Ⅰ-Ⅰ 处的内力 $N_Ⅰ = N_u + N_l$，$M_Ⅰ = N_Ⅰ e$，$e = (N_l e_1 - N_u e_0)/(N_u + N_l)$，其中 e_0 为上、下层墙体重心轴线之间的距离，e_1 为 N_l 对本层

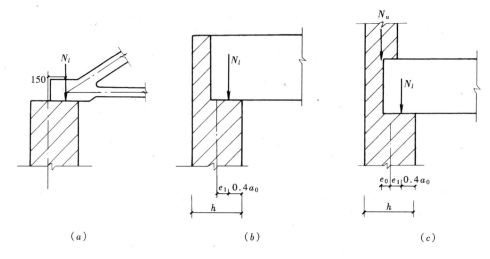

图 3-13 N_l 的作用位置

墙体重心轴线的偏心距。截面 II-II 处的内力 $N_{\text{II}} = N_u + N_l + N_G$，$M_{\text{II}} = 0$。

水平均布风荷载在每层（高度方向上）跨中和支座处产生的弯矩近似按下式计算：

$$M = \frac{1}{12}wH_i^2 \tag{3-8}$$

式中　w——沿楼层高均布风荷载设计值（kN/m）；

　　　H_i——层高（m）。

3. 截面承载力验算

对于单层刚性方案房屋墙、柱，截面 I-I ～ III-III 均按偏心受压进行承载力验算，同时还应对屋架或大梁支承处截面 I-I 的砌体进行局部受压承载力验算。

对于多层刚性方案房屋墙、柱，截面 I-I 按偏心受压、截面 II-II 按轴心受压进行承载力验算，同时亦应对楼面（屋面）大梁支承处截面 I-I 的砌体进行局部受压承载力验算。

对于多层混合结构房屋，当横墙的砌体材料和墙厚相同时，为了简化计算，可只验算底层截面 II-II 的轴心受压承载力。当横墙的砌体材料或墙厚有所改变时，则应对改变处截面进行承载力验算。当左、右两开间不等或楼面荷载相差较大时，尚应对顶部截面 I-I 按偏心受压进行承载力验算。当楼面梁支承于横墙上时，还应验算梁端支承处砌体的局部受压承载力。

对于梁跨度大于 9m 的墙承重的多层房屋，除按上述方法计算墙体承载力外，尚需考虑梁端约束弯矩对墙体造成的不利影响。影响梁端约束弯矩的因素较多，为简化计算，按梁两端固结计算梁端弯矩，再将其乘以修正系数 γ 后，按墙体线性刚度分到上层墙底部和下层墙顶部，修正系数 γ 可按下式计算：

$$\gamma = 0.2\sqrt{\frac{a}{h}} \tag{3-9}$$

式中　a——梁端实际支承长度；

　　　h——支承墙体的墙厚，当上、下墙厚不同时，取下部墙厚，当有壁柱时取 h_{T}。

【例题 3-3】　试验算［例题 3-2］中的纵、横墙承载力。

【解】 1．确定房屋静力计算方案

由［例题 3-2］可知，此房屋属刚性方案。

2．荷载资料

（1）屋面恒荷载标准值

35mm 厚配筋细石混凝土板	$25 \times 0.035 = 0.875 kN/m^2$
顺水方向砌 120 厚 180mm 高条砖	$19 \times 0.18 \times 0.12/0.5 = 0.821 kN/m^2$
三毡四油沥青防水卷材，撒铺绿豆沙	$0.4 kN/m^2$
40mm 厚防水珍珠岩	$4 \times 0.04 = 0.16 kN/m^2$
20mm 厚 1:2.5 水泥砂浆找平层	$20 \times 0.02 = 0.4 kN/m^2$
110mm 厚预应力混凝土空心板（包括灌缝）	$2.0 kN/m^2$
15mm 厚板底粉刷	$16 \times 0.015 = 0.24 kN/m^2$
屋面恒荷载标准值合计	$4.896 kN/m^2$

（2）不上人屋面的活荷载标准值　$0.5 kN/m^2$

（3）楼面恒荷载标准值

大理石面层	$28 \times 0.015 = 0.42 kN/m^2$
20mm 厚水泥砂浆找平层	$20 \times 0.02 = 0.4 kN/m^2$
110mm 厚预应力混凝土空心板	$2.0 kN/m^2$
15mm 厚板底粉刷	$0.24 kN/m^2$
楼面恒荷载标准值合计	$3.06 kN/m^2$

（4）楼面活荷载标准值　$2.0 kN/m^2$

（5）屋面梁、楼面梁自重标准值　$25 \times 0.2 \times 0.5 = 2.5 kN/m$

（6）墙体自重标准值

190mm 厚混凝土小型空心砌块砌体墙体双面粉刷	$2.08 kN/m^2$（按墙面计）
铝合金玻璃窗自重标准值	$0.25 kN/m^2$（按窗面积计）

分析表明，本房屋墙体可不考虑风荷载的影响。

3．纵墙承载力计算

（1）计算单元

轴线Ⓑ、Ⓒ上的内纵墙承受楼（屋）面梁和走道板传来的荷载，内纵墙所受的轴向压力较外纵墙的大。然而，由于梁（板）支承处内纵墙轴向力的偏心距较外纵墙的有所减小，且内纵墙上的洞口宽度较外纵墙上的小。因此，外纵墙受力更不利些。选取一个开间的外纵墙作为计算单元，其受荷面积为 $4.2 \times 3.3 = 13.86 m^2$。

（2）计算截面

因一～三层砌体材料强度等级相同，故只需验算底层的承载力，即墙顶部梁底面截面 1-1 和基础顶面截面 2-2（图 3-8c）。

计算截面的面积为 $A = 2400 \times 190 + 390 \times 200 = 5.34 \times 10^5 mm^2$。

（3）荷载计算

按一个计算单元，作用于纵墙的荷载标准值如下：

女儿墙自重（厚 190mm，高 800mm，双面粉刷）

$$2.08 \times 0.8 \times 4.2 = 6.99 kN$$

屋面恒荷载　　　　　　　$4.896 \times 13.86 + 2.5 \times 3.3 = 76.11 \text{kN}$

屋面活荷载　　　　　　　$0.5 \times 13.86 = 6.93 \text{kN}$

二、三层楼面恒荷载　　$3.06 \times 13.86 + 2.5 \times 3.3 = 50.66 \text{kN}$

二、三层楼面活荷载　　　$2.0 \times 13.86 = 27.72 \text{kN}$

二、三层墙体自重和窗自重

　　$2.08 \times (4.2 \times 3.4 - 1.8 \times 1.8 + 0.39 \times 3.4) + 0.25 \times 1.8 \times 1.8 = 26.53 \text{ kN}$

底层墙体自重和窗自重

　　$2.08 \times (4.2 \times 4.2 - 1.8 \times 1.8 + 0.39 \times 4.2) + 0.25 \times 1.8 \times 1.8 = 34.17 \text{kN}$

（4）控制截面的内力计算

底层截面 1-1：

第一种内力组合（$\gamma_G = 1.2$，$\gamma_Q = 1.4$）

$N_u^{(1)} = 1.2(6.99 + 76.11 + 50.66 + 26.53 \times 2) + 1.4(6.93 + 27.72) = 272.69 \text{kN}$

$N_l^{(1)} = 1.2 \times 50.66 + 1.4 \times 27.72 = 99.6 \text{kN}$

$N_1^{(1)} = N_u^{(1)} + N_l^{(1)} = 272.69 + 99.6 = 372.29 \text{kN}$

楼面梁端均设刚性垫块，

$$\sigma_0^{(1)} = \frac{272.69 \times 10^3}{5.34 \times 10^5} = 0.51 \text{MPa}$$

查表 2-4，$f = 2.22 \text{MPa}$

$$\frac{\sigma_0}{f} = \frac{0.51}{2.22} = 0.23$$

查表 2-14，$\delta_1^{(1)} = 5.75$

由式（2-48），

$$a_{0,b}^{(1)} = \delta_1^{(1)} \sqrt{\frac{h_c}{f}} = 5.75 \sqrt{\frac{500}{2.22}} = 86 \text{mm}$$

$$e_l^{(1)} = y_2 - 0.4 a_{0,b}^{(1)} = 266 - 0.4 \times 86 = 232 \text{mm}$$

$$e^{(1)} = \frac{N_l^{(1)} e_l^{(1)}}{N_1^{(1)}} = \frac{99.6 \times 232}{372.29} = 62 \text{mm}$$

第二种内力组合（$\gamma_G = 1.35$，$\gamma_Q = 1.0$）

$$\begin{aligned} N_u^{(2)} &= 1.35 \times (6.99 + 76.11 + 50.66 + 26.53 \times 2) + 1.0 \times (6.93 + 27.72) \\ &= 286.86 \text{kN} \end{aligned}$$

$N_l^{(2)} = 1.35 \times 50.66 + 1.0 \times 27.72 = 96.11 \text{kN}$

$N_1^{(2)} = N_u^{(2)} + N_l^{(2)} = 286.86 + 96.11 = 382.97 \text{kN}$

$$\sigma_0^{(2)} = \frac{286.86 \times 10^3}{5.34 \times 10^5} = 0.54 \text{MPa}$$

$$\frac{\sigma_0^{(2)}}{f} = \frac{0.54}{2.22} = 0.24$$

查表 2-14，$\delta_1^{(2)} = 5.76$

由式（2-48），

$$a_{0,b}^{(2)} = \delta_1^{(2)} \sqrt{\frac{h_c}{f}} = 5.76 \sqrt{\frac{500}{2.22}} = 86mm$$

$$e_l^{(2)} = y_2 - 0.4 a_{0,b}^{(2)} = 266 - 0.4 \times 86 = 232mm$$

$$e^{(2)} = \frac{N_l^{(2)} e_l^{(2)}}{N_1^{(2)}} = \frac{96.11 \times 232}{382.97} = 58mm$$

底层截面2-2:

第一种内力组合:

$$N_2^{(1)} = 372.29 + 1.2 \times 34.17 = 413.29kN$$

第二种内力组合:

$$N_2^{(2)} = 382.97 + 1.35 \times 34.17 = 429.10kN$$

（5）截面承载力验算

底层截面1-1:

对于第一种内力组合，$e^{(1)}/h_T = 62/308 = 0.20$，$e^{(1)}/y_2 = 62/266 = 0.23 < 0.6$，$\beta =$

$\gamma_\beta \dfrac{H_0}{h_T} = 1.1 \times \dfrac{4200}{308} = 15$，查表2-10，$\varphi = 0.385$，由式（2-19），

$\varphi f A = 0.385 \times 2.22 \times 5.34 \times 10^5 = 4.564 \times 10^5 N = 456.4kN > 372.29kN$，满足要求。

对于第二种内力组合，$e^{(2)}/h_T = 58/308 = 0.19$，$e^{(2)}/y_2 = 58/266 = 0.22 < 0.6$，$\beta = 15$，查表2-10，$\varphi = 0.397$，由式（2-19），

$\varphi f A = 0.397 \times 2.22 \times 5.34 \times 10^5 = 4.706 \times 10^5 N = 470.6kN > 382.97kN$，亦满足要求。

底层截面2-2:

$e = 0$，$\beta = 15$，查表2-10，$\varphi = 0.745$，由式（2-19），

$\varphi f A = 0.745 \times 2.22 \times 5.34 \times 10^5 = 8.832 \times 10^5 N = 883.2kN > 429.10kN$，满足要求。

（6）梁端支承处（截面1-1）砌体局部受压承载力计算

梁端设置尺寸为 390mm × 390mm × 190mm 的刚性垫块，垫块面积 A_b 为:

$$A_b = a_b \times b_b = 390 \times 390 = 1.521 \times 10^5 mm^2$$

对于第一种内力组合:

$$N_0^{(1)} = \sigma_0^{(1)} A_b = 0.51 \times 1.521 \times 10^5 = 7.76 \times 10^4 N = 77.6kN$$

$$N_0^{(1)} + N_l^{(1)} = 77.6 + 99.6 = 177.2kN$$

$$e^{(1)} = \frac{99.6(390/12 - 0.4 \times 86)}{177.2} = 90mm$$

$e^{(1)}/h = 90/390 = 0.23$，按 $\beta \leqslant 3$，查表2-10，$\varphi = 0.61$，且近似取 $\gamma_1 = 1.0$，由式（2-44），

$\varphi \gamma_1 f A_b = 0.61 \times 1.0 \times 2.22 \times 1.521 \times 10^5 = 2.0597 \times 10^5 N = 205.97kN > N_0^{(1)} + N_l^{(1)} = 177.2kN$，满足要求。

对于第二种内力组合:

由于 $a_{0,b}^{(2)}$ 与 $a_{0,b}^{(1)}$ 相等，而梁端支承反力 $N_l^{(2)}$ 却比 $N_l^{(1)}$ 小些，对结构更有利些，因此可不必再验算，亦能满足局部受压承载力要求。

4. 横墙承载力计算

以轴线④上的横墙为例，取 1m 宽的横墙作为计算单元，其受荷面积为 $1 \times 4.2 = 4.2m^2$。由于房屋开间、荷载均相同，横墙按轴心受压构件计算。

（1）荷载计算

一个计算单元内墙上的荷载标准值如下：

屋面恒荷载	$4.896 \times 4.2 = 20.56kN$
屋面活荷载	$0.5 \times 4.2 = 2.1kN$
二、三层楼面恒荷载	$3.06 \times 4.2 = 12.85kN$
二、三层楼面活荷载	$2.0 \times 4.2 = 8.4kN$
二、三层墙体自重	$2.08 \times 3.4 = 7.07kN$
一层墙体自重	$2.08 \times 4.2 = 8.74kN$

（2）控制截面内力计算

底层横墙基础顶面截面 2-2 处轴向压力最大，且底层墙体计算高度也最大，故取该截面作为控制截面。

第一种内力组合：

$$N_2^{(1)} = 1.2(20.56 + 12.85 \times 2 + 7.07 \times 2 + 8.74) + 1.4(2.1 + 8.4 \times 2)$$
$$= 1.2 \times 69.14 + 1.4 \times 18.9 = 109.43kN$$

第二种内力组合：

$$N_2^{(2)} = 1.35 \times 69.14 + 1.0 \times 18.9 = 112.24kN$$

（3）截面承载力验算

$$\beta = \gamma_\beta \frac{H_0}{h} = 1.1 \times \frac{3.48 \times 10^3}{190} = 20，e = 0，查表 2-10，\varphi = 0.62，由式（2-19），$$
$$\varphi f A = 0.62 \times 2.22 \times 0.19 \times 10^3 = 261.52kN > 112.24kN，满足要求。$$

第五节 弹性与刚弹性方案房屋墙、柱计算

无论是弹性方案房屋墙、柱还是刚弹性方案房屋墙、柱，其计算步骤和内容与刚性方案房屋墙、柱的大体相同，尤其是计算单元和控制截面的选择、截面承载力验算方法则完全相同。不同的是计算简图，内力计算相对复杂些。

一、弹性方案房屋墙、柱计算

弹性方案房屋在荷载作用下，墙、柱的水平位移较大，屋架或屋面大梁与墙、柱为铰接，构成平面排架。因此，弹性方案房屋一般只用于单层房屋。多层混合结构房屋则应避免设计成弹性方案房屋，其墙、柱的水平位移更大，房屋的空间刚度和整体性差，尤其在地震区，其抗震性能和抗倒塌能力更低。

单层弹性方案房屋墙、柱的计算简图为屋架或屋面大梁与墙、柱铰接且不考虑空间工作的平面排架，如图 3-14（a）所示。墙、柱的内力可按结构力学的方法进行计算，具体步骤如下：

（1）先在排架上端假设一不动铰支承，按无侧移排架（图 3-14b）求出不动铰支座反力和墙、柱内力，其方法和单层刚性方案房屋的相同。

（2）将墙、柱顶不动铰支座反力反方向施加在排架柱顶处（图 3-14c），用剪力分配法

求出墙、柱内力。

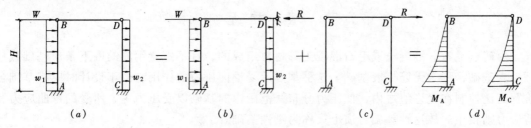

图 3-14　弹性方案房屋墙、柱内力分析

（3）将上述两种情形的内力叠加，得到墙、柱的最终内力。

经过分析，墙、柱的内力（图 3-14 d）为：

$$M_A = \frac{1}{2}WH + \frac{5}{16}w_1H^2 + \frac{3}{16}w_2H^2$$
$$M_C = -\frac{1}{2}WH - \frac{3}{16}w_1H^2 - \frac{5}{16}w_2H^2（柱内侧受拉）$$

(3-10)

单层单跨弹性方案房屋墙、柱的控制截面也取柱顶、柱底两个截面，均按偏心受压验算墙、柱的承载力，对柱顶尚需进行局部受压承载力验算。对于变截面柱，还应验算变阶处截面的受压承载力。

上述方法同样适用于单层多跨弹性方案房屋的内力分析。

二、单层刚弹性方案房屋墙、柱计算

单层刚弹性方案房屋在荷载作用下的位移比相同条件的刚性方案房屋的大，但又比相同条件的弹性方案房屋的小。为此，可在墙、柱顶附加一个弹性支座以反映房屋的空间工作，其计算简图如图 3-15(a) 所示。刚弹性方案房屋墙、柱的内力可按下列步骤进行计算：

（1）在排架柱顶端附加一不动铰支承，使墙、柱顶不产生位移，按无侧移排架求出不动铰支座反力 R（图 3-15b）和墙、柱内力，其方法与单层刚性方案房屋的相同。

（2）为了使墙、柱顶端发生原来的位移（$u_s = \eta u_p$），根据力和位移成正比的关系，须在墙、柱顶端反向施加 ηR（图 3-15c），用剪力分配法求出墙、柱内力。

（3）将上述两种情形的内力叠加，即可得到墙、柱的最终内力（图 3-15d），如

$$M_A = \frac{1}{2}\eta WH + \left(\frac{1}{8} + \frac{3}{16}\eta\right)w_1H^2 + \frac{3}{16}\eta w_2H^2$$
$$M_C = -\frac{1}{2}\eta WH - \left(\frac{1}{8} + \frac{3}{16}\eta\right)w_2H^2 - \frac{3}{16}\eta w_1H^2（柱内侧受拉）$$

(3-11)

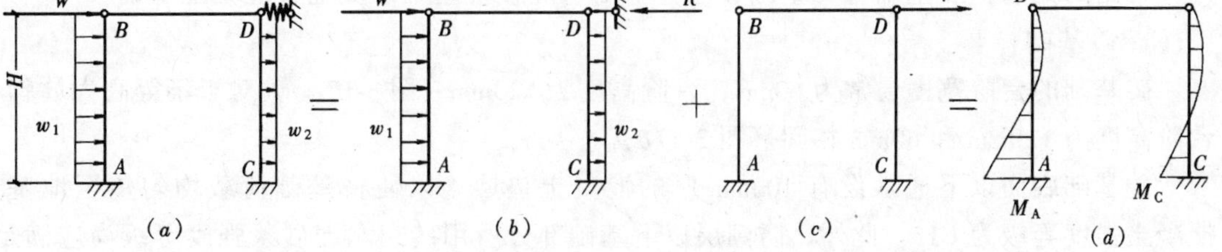

图 3-15　单层刚弹性方案房屋墙、柱内力分析

第六节　墙、柱基础计算

由砖、毛石、混凝土或毛石混凝土等材料组成的，且不配置钢筋的墙下条形基础或柱下独立基础，称为无筋扩展基础。这种基础承受轴向压力的作用，由于设计时应将基础台阶宽高比控制在允许值之内，使压力分布线范围内的基础以受压为主，所受的弯曲应力和剪应力则较小。故这种基础习惯上又称为刚性基础。

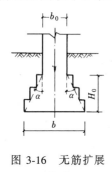

图 3-16　无筋扩展基础

一般多层砌体结构房屋墙、柱的基础，常采用无筋扩展基础，基础高度应符合下式要求（图 3-16）：

$$H_0 \geqslant \frac{b - b_0}{2\tan\alpha} \tag{3-12}$$

式中　b——基础底面宽度；

b_0——基础顶面的墙体宽度或柱脚宽度；

H_0——基础高度；

$\tan\alpha$——基础台阶宽高比，其允许值查表 3-7 确定。

无筋扩展基础台阶宽高比的允许值　　　　表 3-7

基础材料	质量要求	台阶宽高比的允许值		
		$p_k \leqslant 100$	$100 < p_k \leqslant 200$	$200 < p_k \leqslant 300$
混凝土基础	C15 混凝土	1:1.00	1:1.00	1:1.25
毛石混凝土基础	C15 混凝土	1:1.00	1:1.25	1:1.50
砖基础	砖不低于 MU10、砂浆不低于 M5	1:1.50	1:1.50	1:1.50
毛石基础	砂浆不低于 M5	1:1.25	1:1.50	—

注：1. p_k 为荷载效应标准组合时基础底面处的平均压力值（kPa）；

　　2. 阶梯形毛石基础的每阶伸出宽度，不宜大于 200mm；

　　3. 当基础由不同材料叠合组成时，应对接触部分作抗压验算；

　　4. 基础底面处的平均压力值超过 300kPa 的混凝土基础，尚应进行抗剪验算。

墙、柱无筋扩展基础的设计包括以下主要内容：选择基础类型；确定基础埋深；根据地基承载力要求计算基础底面尺寸；根据基础台阶宽高比的允许值确定基础高度，最后绘制基础施工图。

一、基础类型

常用的无筋扩展基础有砖基础、毛石基础、混凝土基础以及毛石混凝土基础。

1. 砖基础

砖基础的台阶宽度通常为 60mm，台阶高度为 120mm（图 3-17a），对于不等高大放脚，台阶高度为 120mm 和 60mm 相间（图 3-17b）。

砖基础底面以下通常设有 100mm 厚的混凝土垫层，以便将基础荷载均匀传至地基，混凝土强度等级为 C15。此外，防潮层以下基础部分所用砖、水泥砂浆强度等级尚应满足表 1-1 的要求。

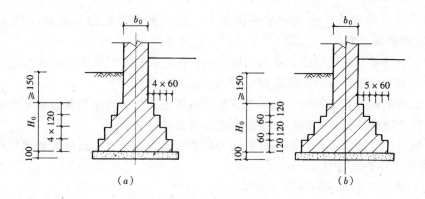

图 3-17 砖基础

(a) 等高大放脚；(b) 不等高大放脚

2. 毛石基础

采用毛石砌成的基础所选用的毛石应质地坚硬、不易风化，其最低强度等级亦应满足表 1-1 的要求。因毛石表面不规则，基础最小宽度不应小于 500mm，台阶高度不宜小于 400mm，台阶宽高比尚应满足表 3-7 的要求。当基础底面宽度 $b \leqslant 600mm$ 时，可采用矩形截面。

3. 混凝土和毛石混凝土基础

混凝土、毛石混凝土基础与砖基础相比，基础的强度高，耐久性以及抗冻性好，基础高度相对较小。它们适用于地下水位较高的基础。

二、基础埋置深度

影响基础埋置深度的因素较多，如作用在地基上的荷载大小和性质；基础的形式和构造；建筑物的用途；有无地下室和地下设施；工程地质和水文地质条件；相邻建筑物的基础埋深，地基土冻胀和融陷的影响。

为了减小基础工程量、降低造价，在满足地基稳定和变形要求的前提下，基础应尽量浅埋。但为了确保基础免遭外界的破坏，除岩石地基外，基础埋置的最小深度不宜小于 500mm，基础顶面应距室外设计地面至少 150～200mm。此外，基础宜埋置在地下水位以上。

新建筑与原有建筑相邻时，新建筑物的基础埋深不宜大于原有建筑物的基础埋深。当新建筑物的基础埋深大于原有建筑的基础埋深时，两基础之间则应保持一定净距，以确保相邻建筑物的安全和正常使用。上述净距应根据原有建筑土质情况和荷载大小确定，一般取 1～2 倍的相邻基础底面高差。如果上述净距不满足要求时，应采取分段施工、设临时加固支撑等措施，或加固原有建筑物地基。

地基土反复周期性冻胀和融陷会引起地基土承载力下降、压缩性增大，季节性冻土地基上的基础埋深还应考虑冻深的影响。

三、墙、柱基础计算

为了确保地基承载力、防止地基发生整体剪切破坏或失稳破坏，基础底面应具有足够的面积。同时，为了减少地基不均匀沉降对房屋造成不利影响，控制基础的沉降量在规定的允许限值之内。对于五层及五层以下的混合结构房屋，一般不必验算地基的变形，直接根据地基承载力确定墙、柱基础的底面尺寸，然后根据基础台阶宽高比的允许值由式 (3-12)确定基础的高度。

对于横墙基础，通常沿墙轴线方向取 1.0m 为计算单元，承受的荷载为左、右 1/2 开间范围内全部的均布恒荷载和活荷载，按条形基础计算。

对于纵墙基础，其计算单元取一个开间，将屋盖、楼盖传来的荷载以及墙体、门窗自重的总和折算为沿墙长每米的均布荷载，按条形基础计算。

对于带壁柱的条形基础，其计算单元为以壁柱轴线为中心，两侧各取相邻壁柱间距的 1/2，且应按 T 形截面计算。

1. 轴心受压条形基础的计算（图 3-18）

其基础底面的压力，应符合下列要求，即

$$p_k = \frac{F_k + G_k}{A} = \frac{F_k + G_k}{1 \times b} \leqslant f_a \tag{3-13}$$

式中　p_k——相应于荷载效应标准组合时，基础底面处的平均压应力值；

　　　F_k——相应于荷载效应标准组合时，上部结构传至基础顶面的竖向力值；

　　　G_k——基础自重和基础上的土重，近似取 $G_k = \gamma_m \cdot d \cdot A$，其中，$\gamma_m$ 为基础与基础上面回填土的平均重度，d 为基础埋深，对于内墙、柱，取基础底面至室内地面的距离；对于外墙、柱，取基础底面至室外设计地面的距离；

　　　b——基础底面宽度；

　　　f_a——修正后的地基承载力特征值。

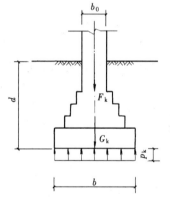

由式（3-13）且取 $G_k = \gamma_m \cdot d \cdot A$ 可得：

$$b \geqslant \frac{F_k}{f_a - \gamma_m \cdot d} \tag{3-14}$$

2. 偏心受压条形基础的计算（图 3-19）

其基础底面的压力，除满足式（3-13）要求外，尚应符合下列要求：

$$p_{kmax} \leqslant 1.2 f_a \tag{3-15}$$

$$p_{kmax} = \frac{F_k + G_k}{1 \times b} + \frac{M_k}{W} \tag{3-16}$$

图 3-18　轴心受压基础

$$p_{kmin} = \frac{F_k + G_k}{1 \times b} - \frac{M_k}{W} \tag{3-17}$$

式中　p_{kmax}——相应于荷载效应标准组合时，基础底面边缘的最大压力值；

　　　p_{kmin}——相应于荷载效应标准组合时，基础底面边缘的最小压力值；

　　　M_k——相应于荷载效应标准组合时，作用于基础底面的力矩值；

　　　W——基础底面的抵抗矩。

将 $W = \frac{1}{6} b^2$ 代入式（3-16）、(3-17) 得：

$$p_{\substack{kmax \\ kmin}} = \frac{F_k + G_k}{b} \pm \frac{6 M_k}{b^2} \tag{3-18}$$

随着偏心距 $e(= M_k/(F_k + G_k))$ 的不同，基础底面的压力分布呈三种情形（图 3-19b、c、d）。当偏心距 $e > b/6$ 时（图 3-19d），p_{kmin} 值为负值，即产生拉应力。现不考虑拉应力，由静力平衡条件，p_{kmax} 应按下式计算：

$$p_{kmax} = \frac{2(F_k + G_k)}{3a} \qquad (3-19)$$

式中　a——合力作用点至基础底面最大压力边缘的距离。

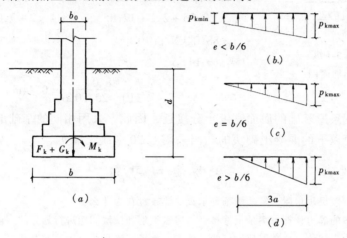

图 3-19　偏心受压基础

3. 柱下单独基础的计算

柱下单独基础的计算与墙下条形基础的计算相似，只需用基础底面面积 $A(= a \times b)$ 代替上述公式中的 $1 \times b$。

由式（3-15），轴心受压柱下单独基础的底面积 $a \times b$ 可按下式计算

$$a \times b \geqslant F_k/(f_a - \gamma_m d) \qquad (3-20)$$

当基础底面为方形时，基础底面尺寸为：

$$a = b = \sqrt{F_k/(f_a - \gamma_m d)} \qquad (3-21)$$

偏心受压柱下单独基础底面通常为矩形，仍可按式（3-13）、（3-15）～（3-19）进行计算，且用 $a \times b$ 代替公式中的 $1 \times b$（m^2），基础底面长短边之比 b/a 宜控制在 1.5～2.0 之间。

【例题 3-4】　试设计［例题 3-3］中外纵墙和内横墙下的条形基础。工程地质资料：自然地表下 0.3m 内为填土，填土下 1.2m 内为黏性土（$f_a = 210kN/m^2$），其下层为砾石层（$f_a = 380kN/m^2$）。

【解】　1. 外纵墙下的条形基础

由［例题 3-3］可知，单位长度上外纵墙承受的轴向力 F_k 为：

$$F_k = (6.99 + 76.11 + 6.93 + 50.66 \times 2 + 27.72 \times 2 + 26.53 \times 2 + 34.17)/4.2$$

$$= 79.53kN/m$$

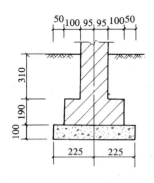

图 3-20 例题 3-4 纵、
横墙刚性基础剖面图

根据工程地质条件，墙下条形基础的埋深取 $d = 0.6\text{m}$，由式 (3-14)，

$$b \geqslant \frac{F_k}{f_a - \gamma_m d} = \frac{79.53}{210 - 20 \times 0.6} = 0.40\text{m}$$

2. 内横墙下的条形基础

单位长度上内横墙承受的轴向力 F_k 为：

$$F_k = 20.56 + 2.1 + 12.85 \times 2 + 8.4 \times 2 + 7.07 \times 2 + 8.74$$
$$= 88.04\text{kN/m}$$

由式 (3-14)，

$$b \geqslant \frac{88.04}{210 - 20 \times 0.6} = 0.44\text{m}$$

纵、横墙下条形基础的底面宽度十分接近，因此，采用相同的基础剖面图，如图 3-20 所示。图中地面以下的混凝土砌块的孔洞采用 Cb20 混凝土灌实。

思 考 题 与 习 题

3-1 混合结构的一般民用房屋，常采用哪种承重墙体布置？为什么？

3-2 混合结构房屋的静力计算方案是根据楼盖、屋盖类别和横墙间距进行划分的，理由是什么？

3-3 验算混合结构房屋墙、柱高厚比的目的是什么？如果不满足，可采取何措施？

3-4 带壁柱墙和带构造柱墙的高厚比验算与矩形截面墙、柱的高厚比验算有何不同？

3-5 试比较多层刚性方案房屋在竖向荷载作用下的计算简图与在水平荷载作用下的计算简图有何不同？并指出相应的控制截面。

3-6 墙体开裂的原因主要有哪几种？为防止或减轻墙体开裂，工程上常用的措施有哪些？

3-7 无筋扩展基础设计时应满足何要求？

3-8 条件与 [例题 3-2] 相同，但房屋开间由 4.2m 改为 4.8m，Ⓒ～Ⓓ轴线间的距离由 6.6m 改为 7.8m，试设计Ⓓ轴线纵墙及其基础。

第四章　墙梁、挑梁、过梁的设计

第一节　墙　梁　设　计

在上层为住宅或旅馆、底层为商店的商—住楼或商—旅楼等建筑中，由于底层需要大空间，上部某些墙体不能落地，此时设置钢筋混凝土梁（托梁）承托上部墙体，该钢筋混凝土梁和其上部分墙体共同工作，承受墙体自重和楼、屋面荷载。这种由钢筋混凝土托梁和托梁以上计算高度范围内的砌体墙所组成的组合构件，称为墙梁。墙梁结构与钢筋混凝土框架结构相比，具有节省钢材和水泥、造价低、施工快等优点，因此广泛用于工业与民用建筑中。

视墙上是否开洞，墙梁可分为无洞口墙梁和有洞口墙梁，洞口的存在不仅削弱墙体的刚度和整体性，洞口的大小和位置还影响墙梁的受力机理。按墙梁承受的荷载，可分为自承重墙梁和承重墙梁，前者只需承受托梁和托梁顶面以上墙体自重，如单层工业厂房围护墙下的基础梁；后者还需承受楼、屋面荷载，如底层为商店、上层为公寓，常采用承重墙梁。根据支承条件不同，墙梁又可分为简支墙梁、连续墙梁和框支墙梁，如图 4-1 所示。

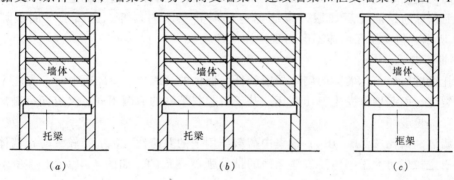

图 4-1　墙梁
（a）简支墙梁；（b）连续墙梁；（c）框支墙梁

一、墙梁的受力性能与破坏形态

墙梁是一种组合构件，墙梁的受力性能及破坏形态与托梁和墙体的材料、托梁的高跨比、墙体的高跨比以及是否开洞、洞口的大小与位置，以及墙梁的支承条件等因素有关。

（一）无洞口墙梁

墙梁在竖向荷载作用下的受力性能类似于钢筋混凝土深梁。有限元分析表明，在墙梁顶面均布荷载作用下，由于墙体内拱作用，墙体内的竖向压应力沿主压应力轨迹线传递，且因托梁刚度有限，该应力逐渐向支座附近集聚，托梁与墙体的界面上受到向两端集中的非均匀分布的竖向压应力作用。墙梁竖向截面内产生水平应力，其分布规律为墙体大部分受压、托梁全部或大部分截面受拉。托梁受轴向拉力作用，为小偏心受拉构件。与此同时，托梁与墙体还受到剪力作用，托梁与墙体交界面上的剪应力变化较大且在支座处较为集中。当托梁中的拉应力、拉应变分别超过混凝土的抗拉强度、极限拉应变时，托梁跨中将首先出现多条竖向裂缝①（图4-2），有的裂缝迅速延伸至托梁顶面并进入砌体墙中。在支座附近由于竖向压应力的集中，当墙体的主拉应力超过砌体的抗拉强度时，支座上方墙体中将出现斜裂缝②，并迅速朝斜上方及斜下方发展。接近破坏时，托梁与墙体的交界面处将出现水平裂缝③，仅局限于跨度区段内，不会伸入支座区段。自墙体出现斜裂缝起，墙梁逐渐形成以托梁为拉杆，以墙体为拱腹的拉杆—拱组合受力机构，如图4-3所示。以上分析表明，墙梁的受力较为复杂。

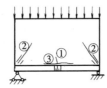

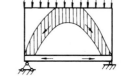

图4-2　无洞口墙梁裂缝分布图　　　　图4-3　无洞口墙梁受力机构

通过对墙梁破坏特征的仔细观察和分析，承受均布竖向荷载作用的墙梁有如下几种破坏形态（图4-4）：

1. 弯曲破坏

当托梁配筋较少，墙梁的砌体强度较高、墙体的高跨比 h_w/l_0 较小时，一般首先在托梁跨中出现竖向裂缝。荷载继续增加，竖向裂缝向上发展并穿过界面进入墙砌体，托梁内下部、上部纵向钢筋先后屈服，裂缝迅速扩展并在墙内延伸。这属于弯曲破坏，如图4-4(a)所示，但受压区墙体不会出现砌体压碎现象。

2. 剪切破坏

当托梁配筋较多，墙梁的砌体强度较低，墙体的高跨比 h_w/l_0 适中时，支座上方砌体出现斜裂缝，引起墙体发生剪切破坏。基于引起斜裂缝的原因不同，又有两种破坏形态。

(1) 斜拉破坏

当墙体高跨比 $h_w/l_0 < 0.4$，或集中荷载作用下的剪跨比（a/l_0）较大时，墙体的斜裂缝是由于主拉应力大于砌体沿齿缝截面的抗拉强度导致的，如图4-4(b)、(c)所示，属于斜拉破坏。

(2) 斜压破坏

当墙体高跨比 $h_w/l_0 > 0.4$，或集中荷载作用下的剪跨比（a/l_0）较小时，墙体内较陡的斜裂缝是由于主压应力大于砌体的斜向抗压强度导致的，如图4-4(d)所示，属于斜压破坏。

上述斜拉或斜压破坏均属脆性破坏。不过，斜压破坏时墙体的抗剪承载力较斜拉破坏时的高，且在设计上采取一定的措施以确保不产生斜拉破坏。因而，墙梁墙体的受剪承载力计算方法是在斜压破坏形态的基础上建立。

墙梁中的托梁因其顶面的竖向压应力在支座处集中，故具有很高的抗剪承载力而不易发生剪切破坏，只有当混凝土强度等级过低或无腹筋时，才会出现托梁受剪破坏。

3. 局部受压破坏

当墙梁的砌体强度低、墙体的高跨比 $h_w/l_0 > 0.75$ 且托梁配筋较多时，在托梁端部较小范围内的砌体被压碎。这是由于支座上方砌体内集中压应力大于砌体的局部抗压强度而导致的，如图4-4(e)所示，属于局部受压破坏。

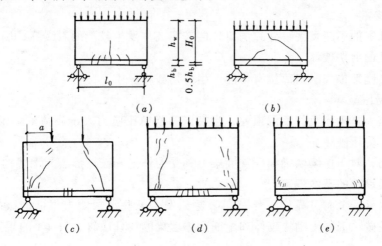

图 4-4　无洞口墙梁的破坏形态

(a) 弯曲破坏；(b) 斜拉破坏；(c) 集中荷载下的斜拉破坏；
(d) 斜压破坏；(e) 局部受压破坏

此外，当托梁纵筋锚固不足时，可能导致锚固破坏。支座垫板刚度较小时，也易引起托梁支座处混凝土或上部砌体局部受压破坏。这些破坏均可通过采取相应的构造措施来避免其发生。

（二）有洞口墙梁

对于有洞口墙梁，当洞口居中布置时，因洞口处于低应力区，它不影响墙梁的拉杆—拱受力机构（图4-3），其破坏形态类似于无洞口墙梁。但洞口偏置时，对墙梁的应力分布和破坏形态有较大的影响。如图4-5所示，形成大拱套小拱的拱—梁组合受力机构，此时托梁既作为拉杆又作为小拱的弹性支座而承受较大的弯矩，托梁为大偏心受拉构件。根据试验研究，偏开洞墙梁在竖向荷载作用下，首先在洞口外侧沿界面产生水平裂缝①（图4-6)，此时荷载为破坏荷载的30%～60%；随后在洞口内侧上角产生阶梯形斜裂缝②；随着荷载进一步增加，在洞口侧墙的外侧产生水平裂缝③；当荷载达到破坏荷载的60%～80%时，托梁在洞口内侧截面处产生竖向裂缝④；最后在托梁和墙体的界面处产生水平裂缝⑤。视裂缝的发生和发展，类似于无洞口墙梁，偏开洞墙梁也有以下三种破坏形态：

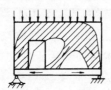　　　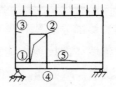

图 4-5　偏开洞墙梁受力机构　　　图 4-6　偏开洞墙梁的裂缝分布图

1. 弯曲破坏

当洞距（a——洞口边至墙梁最近支座中心的距离）较小（$a/l_0 < 1/4$）时，裂缝④的不断发展导致该截面托梁底部纵向受拉钢筋屈服，上部纵向钢筋则受压，最终托梁呈大

偏心受拉破坏。另外，当洞距较大（$a/l_0 > 1/4$）时，裂缝④的不断发展导致该截面托梁下部、上部纵向钢筋先后屈服，最终托梁呈小偏心受拉破坏。

2. 剪切破坏

裂缝①和③的不断发展易导致洞口外侧较窄墙体发生较陡的斜裂缝，墙砌体产生具有斜压破坏特征的剪切破坏。

托梁在支座部位和洞口部位有可能产生剪切破坏。

3. 局部受压破坏

托梁支座上方砌体及侧墙洞顶处，当集聚的竖向压应力大于砌体的局部抗压强度时，导致砌体局部受压破坏。

试验表明，对于连续墙梁和框支墙梁，其受力性能和破坏形态与上述的类似。

二、墙梁设计的基本规定

为了使墙梁安全而可靠地工作，同时避免发生某些承载能力很低的破坏，烧结普通砖、烧结多孔砖、混凝土砌块砌体和配筋砌体墙梁的设计应符合表 4-1 的规定。

墙 梁 的 基 本 规 定

表 4-1

墙梁类别	墙体总高度 （m）	跨度 （m）	墙体高跨比 h_w/l_{0i}	托梁高跨比 h_b/l_{0i}	洞的宽跨比 b_h/l_{0i}	洞高 h_h
承重墙梁	≤18	≤9	≥0.4	≥1/10	≤0.3	≤$5h_w/6$ 且 $h_w - h_h \geq 0.4\text{m}$
自承重墙梁	≤18	≤12	≥1/3	≥1/15	≤0.8	

注：1. 墙体总高度指托梁顶面到檐口的高度，带阁楼的坡屋面应算到山尖墙 1/2 高度处；

　　2. 对自承重墙梁，洞口至边支座中心的距离不应小于 $0.1l_{0i}$；门窗洞上口至墙顶的距离不应小于 0.5m；

　　3. h_w——墙体计算高度；

　　　h_b——托梁截面高度；

　　　l_{0i}——墙梁计算跨度；

　　　b_h——洞口宽度；

　　　h_h——洞口高度，对窗洞取洞顶至托梁顶面距离。

1. 墙体总高度和墙梁跨度

根据工程实践经验，墙梁的墙体总高度和跨度不宜过大，控制在表 4-1 范围内较为安全、稳妥。由于承重墙梁承受的荷载较自承重墙梁的大，故对其跨度控制得更严些。

2. 墙体高跨比（h_w/l_0）和托梁高跨比（h_b/l_0）

试验结果表明：当墙体高跨比 $h_w/l_{0i} < 0.35 \sim 0.40$ 时，易产生承载力相对较低的斜拉破坏。因此，墙体高跨比 h_w/l_{0i} 不应小于 0.4（承重墙梁）或 1/3（自承重墙梁）。

托梁是墙梁的关键受力构件，应具有足够的承载力和刚度。托梁高跨比（h_b/l_0）愈大，愈有利于改善墙体的抗剪性能和托梁支座上部砌体的局部受压性能。但托梁的高跨比（h_b/l_0）也不宜过大，随着 h_b/l_0 的增大，竖向荷载将由向支座集聚逐渐变为向跨中分布，势必会削弱墙体与托梁的组合作用。因此，托梁的高跨比 h_b/l_{0i} 不应小于 1/10（承重墙梁）或 1/15（自承重墙梁）。

3. 洞口大小及位置

墙梁墙体上开设洞口尺寸的大小及其位置，对墙梁组合作用的发挥有直接影响，洞口尺寸愈大、位置愈偏，将严重降低墙梁的刚度和承载力，甚至不能形成墙梁的组合受力机

构。设计上对此要予以足够重视

当洞口过宽，即 b_h/l_{0i} 过大时，墙梁的组合作用将明显降低；当洞口过高，即 h_h/h_w 过大时，洞顶部位砌体则极易产生脆性的剪切破坏。当洞距 a_i/l_{0i} 过小，即洞口外墙肢很小时，该墙肢极易发生剪切破坏甚至被推出，而且托梁在洞口内侧截面上的弯矩、剪力亦较大，对托梁不利。因此，设计上不仅 b_h/l_{0i}、h_h 要符合表 4-1 的规定，且墙梁计算高度范围内每跨只允许设置一个洞口，对多层房屋的墙梁，各层洞口宜设置在相同位置，并应上、下对齐。此外，洞口边至支座中心的距离 a_i，距边支座不应小于 $0.15l_{0i}$，距中支座不应小于 $0.07l_{0i}$。

三、墙梁的计算简图

墙梁的计算简图如图 4-7 所示，它涵盖了单跨、多跨，简支、连续及框支等各种类型的墙梁，设计时应视具体的工程情况加以应用。

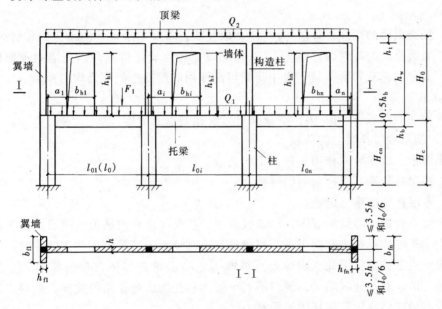

图 4-7　墙梁的计算简图

1. 墙体计算高度 h_w

通常，墙梁的墙体总高度大于墙梁的跨度，分析表明，无论是单层或多层墙体的墙梁，当 $h_w > l_0$ 时，主要是 $h_w = l_0$ 范围内的墙体与托梁共同工作，形成组合构件。现偏于安全并简化计算，墙梁的墙体计算高度 h_w 均取托梁顶面上一层墙体高度。当 $h_w > l_0$ 时，取 $h_w = l_0$。对于连续墙梁和多跨框支墙梁，l_0 则取各跨的平均值。

2. 墙梁跨中截面计算高度 H_0

视托梁轴向拉力作用于托梁中心，故取 $H_0 = h_w + 0.5h_b$。

3. 墙梁计算跨度 l_0（l_{0i}）

墙梁的受力性能类似于组合深梁，其支座反力的分布较均匀，因此墙梁的计算跨度 l_0（l_{0i}），对简支墙梁和连续墙梁取 $1.1l_n$（$1.1l_{ni}$）或 l_c（l_{ci}）两者的较小值，其中，l_n（l_{ni}）为净跨，l_c（l_{ci}）为支座中心线距离。对框支墙梁，取框架柱中心线间的距离 l_c（l_{ci}）。

4. 翼墙计算宽度 b_f

根据试验结果和弹性理论分析且偏于安全起见，b_f 取窗间墙宽度或横墙间距的 $2/3$，且每边不大于 $3.5h$（h 为墙体厚度）和 $l_0/6$。

5. 框架柱计算高度 H_c

取 $H_c = H_{cn} + 0.5h_b$，其中，H_{cn} 为框架柱的净高，即取框架柱基础顶面至托梁底面的距离。

四、墙梁的计算荷载

墙梁应按使用和施工两个阶段进行计算，两个阶段作用于墙梁上的荷载有所不同，应分别按下列方法确定：

（一）使用阶段墙梁上的荷载

包括作用于托梁顶面的荷载和作用于墙梁顶面的荷载。直接作用于托梁顶面的荷载由托梁单独承担，不考虑上部墙体的组合作用。

1. 承重墙梁

（1）托梁顶面的荷载设计值 Q_1、F_1，取托梁自重及本层楼盖的恒荷载和活荷载。

（2）墙梁顶面的荷载设计值 Q_2，取托梁以上各层墙体自重，以及墙梁顶面以上各层楼（屋）盖的恒荷载和活荷载；集中荷载可沿作用的跨度近似化为均布荷载。

2. 自承重墙梁

墙梁顶面的荷载设计值 Q_2，取托梁自重及托梁以上墙体自重。

（二）施工阶段托梁上的荷载

施工阶段，墙梁只取作用于托梁上的荷载。

（1）托梁自重及本层楼盖的恒荷载。

（2）本层楼盖的施工荷载。

（3）墙体自重。墙梁的墙体在砌筑过程中，托梁挠度和钢筋应力随墙体高度的增加而增大。但由于墙体和托梁共同工作，当墙体砌筑高度大于墙梁跨度的 $1/2.5$ 时，托梁挠度和钢筋应力趋于稳定。因此，墙体自重可取 $l_{0max}/3$ 高度的墙体自重，其中 l_{0max} 为各计算跨度的最大值。对于开洞墙梁，洞口不利于墙体和托梁组合作用的发挥，此时应按洞顶以下实际分布的墙体自重复核托梁的承载力。

五、墙梁的计算项目

为确保墙梁的安全，针对墙梁各种破坏的可能，设计上应分两阶段进行下列项目的承载力计算：

1. 使用阶段

（1）托梁应进行跨中、支座正截面受弯承载力计算以免发生跨中或洞口处，由于下部纵向钢筋的屈服而产生的正截面破坏，防止连续墙梁或框支墙梁的托梁支座处由于上部纵向钢筋的屈服而产生的正截面破坏。

（2）托梁应进行斜截面受剪承载力计算，以免发生支座或洞口处的斜截面剪切破坏。

（3）墙体应进行受剪承载力计算，以免墙体发生斜截面剪切破坏。

（4）托梁支座上部砌体应进行局部受压承载力计算，以免墙体发生局部受压破坏。

对于自承重墙梁，墙体受剪承载力和砌体局部受压承载力足够，可不进行验算。

2. 施工阶段

托梁还应进行正截面承载力和斜截面受剪承载力的验算，以确保托梁在施工阶段的安全性。

六、墙梁中托梁的正截面承载力计算

1.托梁跨中截面

偏开洞墙梁的正截面破坏还可能发生在洞口内边缘截面,托梁处于偏心受拉状态。为简化计算,对于有洞口墙梁引入洞口对托梁弯矩的影响系数加以考虑。因此,托梁跨中截面应按钢筋混凝土偏心受拉构件计算,其弯矩 M_{bi} 和轴心拉力 N_{bti} 可按下列公式计算:

$$M_{bi} = M_{1i} + \alpha_M M_{2i} \tag{4-1}$$

$$N_{bti} = \eta_N \frac{M_{2i}}{H_0} \tag{4-2}$$

对于简支墙梁,

$$\alpha_M = \psi_M \left(1.7 \frac{h_b}{l_0} - 0.03 \right) \tag{4-3}$$

$$\psi_M = 4.5 - 10 \frac{a}{l_0} \tag{4-4}$$

$$\eta_N = 0.44 + 2.1 \frac{h_w}{l_0} \tag{4-5}$$

对于连续墙梁和框支墙梁,

$$\alpha_M = \psi_M \left(2.7 \frac{h_b}{l_{0i}} - 0.08 \right) \tag{4-6}$$

$$\psi_M = 3.8 - 8 \frac{a_i}{l_{0i}} \tag{4-7}$$

$$\eta_N = 0.8 + 2.6 \frac{h_w}{l_{0i}} \tag{4-8}$$

式中　　M_{1i}——荷载设计值 Q_1、F_1 作用下的简支梁跨中弯矩或按连续梁或框架分析的托梁各跨跨中最大弯矩;

　　　　M_{2i}——荷载设计值 Q_2 作用下的简支梁跨中弯矩或按连续梁或框架分析的托梁各跨跨中弯矩中的最大值;

　　　　α_M——考虑墙梁组合作用的托梁跨中弯矩系数,可按式(4-3)或(4-6)计算,但对自承重简支墙梁应乘以 0.8;当式(4-3)中的 $h_b/l_0 > 1/6$ 时,取 h_b/l_0 =1/6;当式(4-6)中的 $h_b/l_{0i} > 1/7$ 时,取 $h_b/l_{0i} = 1/7$;

　　　　η_N——考虑墙梁组合作用的托梁跨中轴力系数,可按式(4-5)或(4-8)计算,但对自承重简支墙梁应乘以 0.8;式中,当 $h_w/l_{0i} > 1$ 时,取 $h_w/l_{0i} = 1$;

　　　　ψ_M——洞口对托梁弯矩的影响系数,对无洞口墙梁取 1.0,对有洞口墙梁可按式(4-4)或式(4-7)计算;

　　　　a_i——洞口边至墙梁最近支座的距离,当 $a_i > 0.35 l_{0i}$ 时,取 $a_i = 0.35 l_{0i}$。

2.托梁支座截面

按理连续墙梁和框支墙梁的托梁支座截面处于大偏心受压状态,但为了简化计算并偏于安全,忽略轴向压力的影响,支座截面按受弯构件计算。托梁支座弯矩按下列公式计算:

$$M_{bj} = M_{1j} + \alpha_M M_{2j} \tag{4-9}$$

$$\alpha_M = 0.75 - \frac{a_i}{l_{0i}} \tag{4-10}$$

式中 M_{1j}——荷载设计值 Q_1、F_1 作用下按连续梁或框架分析的托梁支座弯矩；

M_{2j}——荷载设计值 Q_2 作用下按连续梁或框架分析的托梁支座弯矩；

α_M——考虑组合作用的托梁支座弯矩系数，无洞口墙梁取 0.4，有洞口墙梁按式 (4-10) 计算，当支座两边的墙体均有洞口时，a_i 取较小值。

此外，对于多跨框支墙梁，由于边柱与边柱之间存在大拱效应，使边柱轴力增大，中间柱轴力降低。因此，对在墙梁顶面荷载 Q_2 作用下的多跨框支墙梁的框支柱，当边柱的轴力不利时，应乘以修正系数 1.2。

七、墙梁中托梁的斜截面受剪承载力计算

墙梁发生剪切破坏时，通常墙体先于托梁剪坏。但当托梁采用的混凝土强度等级较低、箍筋配置较少时，或墙体采用构造柱和圈梁约束砌体的情况下，托梁可能稍先剪坏。

托梁的斜截面受剪承载力应按钢筋混凝土受弯构件计算，其剪力可按下式计算：

$$V_{bj} = V_{1j} + \beta_v V_{2j} \tag{4-11}$$

式中 V_{1j}——荷载设计值 Q_1、F_1 作用下按连续梁或框架分析的托梁支座边剪力或简支梁支座边剪力；

V_{2j}——荷载设计值 Q_2 作用下按连续梁或框架分析的托梁支座边剪力或简支梁支座边剪力；

β_v——考虑组合作用的托梁剪力系数，无洞口墙梁边支座取 0.6，中间支座取 0.7；有洞口墙梁边支座取 0.7，中间支座取 0.8。对于自承重墙梁，无洞口时取 0.45，有洞口时取 0.5。

八、墙梁中墙体的受剪承载力计算

影响墙体受剪承载力的因素较多，除砌体抗压强度及墙体截面尺寸外，还有墙梁是否开洞、是否设置翼墙或构造柱及圈梁等因素。墙体洞口将削弱墙体的刚度和整体性，对墙体抗剪不利。翼墙、构造柱可分担墙梁的楼面荷载，墙梁顶面设置的圈梁（称为顶梁）能将部分楼面荷载传至托梁支座，且构造柱和圈梁、托梁一起约束墙体的横向变形，延缓和阻滞斜裂缝的开展，提高了墙体的受剪承载力。此外，设计上当托梁的高跨比满足表 4-1 的规定，墙梁的墙体可避免发生抗剪能力很低的斜拉破坏。

墙体的受剪承载力应按下式计算：

$$V_2 \leqslant \xi_1 \xi_2 \left(0.2 + \frac{h_b}{l_{0i}} + \frac{h_t}{l_{0i}} \right) f h h_w \tag{4-12}$$

式中 V_2——在荷载设计值 Q_2 作用下墙梁支座边剪力的最大值；

ξ_1——翼墙或构造柱影响系数，对单层墙梁取 1.0，对多层墙梁，当 $b_f/h = 3$ 时取 1.3，当 $b_f/h = 7$ 或设置构造柱时取 1.5，当 $3 < b_f/h < 7$ 时，按线性插入取值；

ξ_2——洞口影响系数，无洞口墙梁取 1.0，多层有洞口墙梁取 0.9，单层有洞口墙梁取 0.6；

h_t——墙梁顶面圈梁截面高度。

九、托梁支座上部砌体局部受压承载力计算

托梁支座上部砌体的局部受压承载力按下式计算：

$$Q_2 \leqslant \zeta f h \tag{4-13}$$

$$\zeta = 0.25 + 0.08 \frac{b_f}{h} \tag{4-14}$$

式中　ζ——局压系数，当 $\zeta > 0.81$ 时，取 $\zeta = 0.81$。

墙梁支座处设置落地构造柱可大大减小应力集中，明显改善砌体局部受压性能。当 $b_f / h \geqslant 5$ 或墙梁支座处设置上、下贯通的落地构造柱时，托梁支座上部砌体局部受压承载力能满足要求，此时可不必验算其局部受压承载力。

十、墙梁在施工阶段托梁的承载力验算

墙梁在施工阶段承载力的计算较为简单，只需先确定施工阶段作用于托梁上的荷载，然后按钢筋混凝土受弯构件验算托梁的受弯和受剪承载力。

十一、墙梁的构造要求

为了确保托梁与上部墙体有良好的组合作用，墙梁不仅要符合表 4-1 的规定和《混凝土结构设计规范》（GB 50010—2002）的有关构造规定，还应符合下列构造要求：

1. 材料

（1）托梁的混凝土强度等级不应低于 C30。

（2）纵向钢筋宜采用 HRB335、HRB400 或 RRB400 级钢筋。

（3）承重墙梁的块体强度等级不应低于 MU10，计算高度范围内墙体的砂浆强度等级不应低于 M10。

2. 墙体

（1）框支墙梁的上部砌体房屋，以及设有承重的简支墙梁或连续墙梁的房屋，应满足刚性方案房屋的要求。

（2）墙梁的计算高度范围内的墙体厚度，对砖砌体不应小于 240mm，对混凝土小型砌块砌体不应小于 190mm。

（3）墙梁洞口上方应设置混凝土过梁，其支承长度不应小于 240mm；洞口范围内不应施加集中荷载。

（4）承重墙梁的支座处应设置落地翼墙，翼墙厚度，对砖砌体不应小于 240mm，对混凝土砌块砌体不应小于 190mm；翼墙宽度不应小于墙梁墙体厚度的 3 倍，并与墙梁墙体同时砌筑。当不能设置翼墙时，应设置落地且上、下贯通的构造柱。

（5）当墙梁墙体在靠近支座 1/3 跨度范围内开洞时，支座处应设置落地且上、下贯通的构造柱，并应与每层圈梁连接。

（6）墙梁计算高度范围内的墙体，每天可砌高度不应超过 1.5m，否则，应加设临时支撑。

3. 托梁

（1）有墙梁的房屋的托梁两边各一个开间及相邻开间处应采用现浇混凝土楼盖，楼板厚度不宜小于 120mm，当楼板厚度大于 150mm 时，应采用双层双向钢筋网，楼板上应少开洞，洞口尺寸大于 800mm 时应设洞口边梁。

（2）托梁每跨底部的纵向受力钢筋应通长设置，不得在跨中段弯起或截断。钢筋接长

应采用机械连接或焊接。

（3）为了防止墙梁的托梁发生突然的脆性破坏，托梁跨中截面纵向受力钢筋总配筋率不应小于 0.6%。

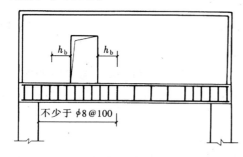

图 4-8　偏开洞时托梁箍筋加密区

座应符合受拉钢筋的锚固要求。

（4）由于托梁端部界面存在剪应力和一定的负弯矩，如果梁端上部钢筋配置过少，将出现自上而下的弯剪斜裂缝。因此，托梁距边支座 $l_0/4$ 范围内，上部纵向钢筋面积不应小于跨中下部纵向钢筋面积的 1/3。连续墙梁或多跨框支墙梁的托梁中，支座上部附加纵向钢筋从支座边算起，每边延伸不少于 $l_0/4$。

（5）承重墙梁的托梁在砌体墙、柱上的支承长度不应小于 350mm。纵向受力钢筋伸入支座应符合受拉钢筋的锚固要求。

（6）当托梁高度 $h_b \geqslant 500$mm 时，应沿梁高设置通长水平腰筋，直径不应小于 12mm，间距不应大于 200mm。

（7）墙梁偏开洞口的宽度及两侧各一个梁高 h_b 范围内直至靠近洞口的支座边的托梁箍筋直径不应小于 8mm，间距不应大于 100mm，如图 4-8 所示。

【例题 4-1】　某综合楼底层设有承重墙梁（图 4-9）。设计资料如下：

屋面恒荷载标准值	4.44kN/m²
三～五层楼面恒荷载标准值	2.64kN/m²
二层楼面恒荷载标准值	3.66kN/m²
屋面活荷载标准值（上人）	2.0kN/m²
二～五层楼面活荷载标准值	2.5kN/m²
240 墙（双面抹灰）自重标准值	5.24kN/m²
房屋开间	3.9m

二层墙体采用 MU10 烧结普通砖、M10 水泥混合砂浆砌筑，$f = 1.89$MPa，施工质量控制等级为 B 级。

墙体计算高度 $h_w = 3.18$m。

托梁支承长度为 370mm，托梁支承处设有上、下贯通并与每层圈梁连接的构造柱，构造柱截面尺寸为 240mm × 240mm，圈梁截面尺寸为 240mm × 180mm，均采用 C20 混凝土。托梁净跨 $l_n = 6.36 - 2 \times 0.25 = 5.86$m，支座中心线距离 $l_c = 5.86 + 0.37 = 6.23$m，墙梁计算跨度 $l_0 = 6.23$m $< 1.1 l_n = 6.45$m。

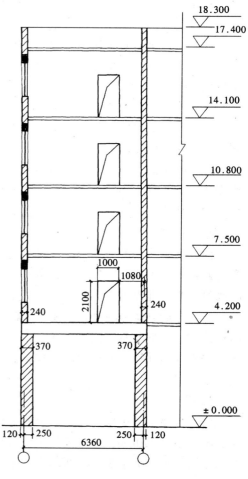

图 4-9　某综合楼墙梁［例题 4-1］

外墙窗宽 1.8m，窗间墙宽 2.1m，翼墙计算宽度 b_f 取 $l_0/3$、$2 \times 3.5h$ 以及窗间墙宽三者之间的较小值，即 $b_f = 1.68$m。托梁采用 C30 混凝土（$f_c = 14.3$MPa），配置 HRB335 级钢筋（$f_y = f_y' = 300$MPa）、HPB235 级钢筋（$f_y = 210$MPa），其他有关资料详见图 4-9。试设计该墙梁。

【解】 1. 使用阶段墙梁的承载力计算

（1）墙梁上的荷载

托梁顶面的荷载设计值 Q_1 为托梁自重、本层楼盖的恒荷载和活荷载。

托梁截面高度 $h_b \geqslant \dfrac{1}{10} l_0 = \dfrac{1}{10} \times 6.23 = 0.623$m，考虑荷载较大，取 $h_b = 750$mm，$b_b = \left(\dfrac{1}{3} \sim \dfrac{1}{2} \right) h_b = 250 \sim 375$mm，取 $b_b = 300$mm。

由可变荷载控制的组合：

$$Q_1^{(1)} = 1.2 \times 25 \times 0.3 \times 0.75 + (1.2 \times 3.66 + 1.4 \times 2.5) \times 3.9$$
$$= 37.53 \text{kN/m}$$

由永久荷载控制的组合：

$$Q_1^{(2)} = 1.35 \times 25 \times 0.3 \times 0.75 + (1.35 \times 3.66 + 2.5) \times 3.9$$
$$= 36.61 \text{kN/m}$$

托梁以上各层墙体自重：

$$g_w^{(1)} = 4 \times \frac{1.2 \times 5.24 \times (3.18 \times 6.23 - 1 \times 2.1)}{6.23} = 71.51 \text{kN/m}$$

$$g_w^{(2)} = 4 \times \frac{1.35 \times 5.24 \times (3.18 \times 6.23 - 1 \times 2.1)}{6.23} = 80.44 \text{kN/m}$$

墙梁顶面的荷载设计值 Q_2，取托梁以上各层墙体自重以及墙梁顶面以上各层楼（屋）盖的恒荷载和活荷载。

由可变荷载控制的组合：

$$Q_2^{(1)} = 71.51 + (1.2 \times 4.44 + 3 \times 1.2 \times 2.64 + 1.4 \times 2.0 + 3 \times 1.4 \times 2.5) \times 3.9$$
$$= 181.22 \text{kN/m}$$

由永久荷载控制的组合：

$$Q_2^{(1)} = 80.44 + (1.35 \times 4.44 + 3 \times 1.35 \times 2.64 + 2.0 + 3 \times 2.5) \times 3.9$$
$$= 182.57 \text{kN/m}$$

经过比较，最后取第一种荷载组合值，即 $Q_1 = 37.53$kN/m，$Q_2 = 181.22$kN/m。

（2）墙梁计算简图

本题为偏开洞简支墙梁，洞宽、洞高以及洞口位置均满足墙梁的一般规定。墙梁计算简图如图 4-10 所示。

（3）墙梁的托梁正截面承载力计算

$$M_1 = \frac{1}{8} Q_1 l_0^2 = \frac{1}{8} \times 37.53 \times 6.23^2 = 182.08 \text{kN·m}$$

$$M_2 = \frac{1}{8} Q_2 l_0^2 = \frac{1}{8} \times 181.22 \times 6.23^2 = 879.21 \text{kN·m}$$

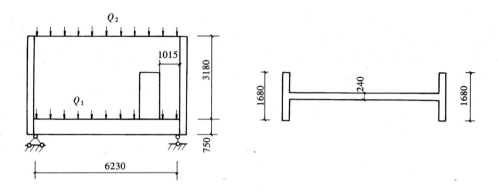

图 4-10 某综合楼墙梁的计算简图

由式 (4-4)

$$\psi_M = 4.5 - 10\frac{a}{l_0} = 4.5 - 10 \times \frac{1.015}{6.23} = 2.87$$

由式 (4-3),

$$\alpha_M = \psi_M\left(1.7\frac{h_0}{l_0} - 0.03\right) = 2.87\left(1.7 \times \frac{0.75}{6.23} - 0.03\right) = 0.50$$

由式 (4-1),

$$M_b = M_1 + \alpha_M M_2 = 182.08 + 0.5 \times 879.21 = 621.69 \text{kN} \cdot \text{m}$$

由式 (4-5),

$$\eta_N = 0.44 + 2.1\frac{h_w}{l_0} = 0.44 + 2.1 \times \frac{3.18}{6.23} = 1.51$$

由式 (4-2),

$$N_{bt} = \eta_N \frac{M_2}{H_0} = 1.51 \times \frac{879.21}{3.18 + 0.5 \times 0.75} = 373.45 \text{kN}$$

托梁按钢筋混凝土偏心受拉构件计算。

$$e_0 = \frac{M_b}{N_{bt}} = \frac{621.69}{373.45} = 1.66 \text{m} > \frac{h_b}{2} - a_s = \frac{0.75}{2} - 0.035 = 0.34 \text{m}, \text{属大偏心受拉构件。}$$

$$e = e_0 - \frac{h_b}{2} + a_s = 1.66 - \frac{0.75}{2} + 0.035 = 1.32 \text{m}$$

$$e' = e_0 + \frac{h_b}{2} - a'_s = 1.66 + \frac{0.75}{2} - 0.035 = 2 \text{m}$$

令 $\xi = \xi_b = 0.55$, 则

$$A'_s = \frac{N_{bt}e - \alpha_1 f_c bh_0^2 \xi_b(1 - 0.5\xi_b)}{f'_y(h_0 - a'_s)}$$

$$= \frac{373.45 \times 1.32 \times 10^6 - 14.3 \times 300 \times 690^2 \times 0.55(1 - 0.5 \times 0.55)}{300(690 - 35)}$$

$$< 0$$

取 $A'_s = 0.002bh = 0.002 \times 300 \times 750 = 450 \text{mm}^2$

选用 4 Φ 20 (1256mm²), 重新计算 ξ,

$$\xi = 1 - \sqrt{1 - \frac{373.45 \times 1.32 \times 10^6 - 300 \times 1256 \times (690 - 35)}{0.5 \times 14.3 \times 300 \times 690^2}}$$

$$= 0.129 \begin{array}{l} < \xi_b \\ > 2a'_s / h_0 \end{array}$$

$$A_s = \frac{N + f_c b h_0 \xi}{f_y} + A'_s = \frac{373.45 \times 10^3 + 14.3 \times 300 \times 690 \times 0.129}{300} + 1256$$

$$= 3773.7 \text{mm}^2$$

选用 6 Φ 28 (3695mm²)

跨中截面纵向受力钢筋总配筋率 $\xi = \frac{3695 + 1256}{300 \times 690} = 2.39\% > 0.6\%$，托梁上部采用 4 Φ
20 钢筋通长布置，其面积大于跨中下部纵向钢筋面积的 1/3 (1232mm²)。

（4）托梁斜截面受剪承载力计算

$$V_1 = \frac{1}{2} Q_1 l_n = \frac{1}{2} \times 37.53 \times 5.86 = 109.96 \text{kN}$$

$$V_2 = \frac{1}{2} Q_2 l_n = \frac{1}{2} \times 181.22 \times 5.86 = 530.97 \text{kN}$$

由式 (4-11),

$$V_b = V_1 + \beta_v V_2 = 109.96 + 0.7 \times 530.97 = 481.64 \text{kN}$$

梁端受剪承载力按钢筋混凝土受弯构件计算。

$$0.7 f_t b h_0 = 0.7 \times 1.43 \times 300 \times 690 \times 10^{-3} = 207.21 \text{kN}$$

$$0.25 \beta_c f_c b h_0 = 0.25 \times 1.0 \times 14.3 \times 300 \times 690 \times 10^{-3} = 740.03 \text{kN}$$

因 $0.7 f_t b h_0 < V_b < 0.25 \beta_c f_c b h_0$，需按计算配置箍筋，由

$$V_b \leq 0.7 f_t b h_0 + 1.25 f_{yv} \frac{A_{sv}}{s} h_0$$

得：

$$\frac{A_{sv}}{s} = \frac{481.64 \times 10^3 - 207.21 \times 10^3}{1.25 \times 210 \times 690} = 1.515 \text{mm}^2 / \text{mm}$$

选用双肢箍筋 $\phi 10 @ 100 \left(\frac{A_{sv}}{s} = \frac{157}{100} = 1.57 > 1.515 \right)$

（5）墙梁的墙体受剪承载力计算

因设置构造柱，故 $\xi_1 = 1.5$

由式 (4-12),

$$\xi_1 \xi_2 \left(0.2 + \frac{h_b}{l_0} + \frac{h_t}{l_0} \right) f h h_w = 1.5 \times 0.9 \times \left(0.2 + \frac{0.75}{6.23} + \frac{0.18}{6.23} \right) \times 1.89 \times 240 \times 3.18 =$$

680.15kN > V_2 = 530.97kN，满足要求。

（6）托梁支座上部砌体局部受压承载力计算

因墙梁支座处设置上、下贯通的落地构造柱，故可不验算局部受压承载力，即知能满
足要求。

2. 施工阶段托梁的承载力计算

（1）施工阶段作用在托梁上的均布荷载设计值

$$Q_1^{(1)} = 37.53 + 1.2 \times 5.24 \times \frac{2.1 \times 6.23 - 1 \times 2.1}{6.23} = 48.62 \text{kN/m}$$

$$Q_1^{(2)} = 36.61 + 1.35 \times 5.24 \times \frac{2.1 \times 6.23 - 1 \times 2.1}{6.23} = 49.08\text{kN/m}$$

取 $Q_1 = 49.08\text{kN/m}$

（2）托梁内力计算

托梁跨中最大弯矩和支座边缘最大剪力分别为：

$$M_{max} = \frac{1}{8} Q_1 l_0^2 = \frac{1}{8} \times 49.08 \times 6.23^2 = 238.12\text{kN·m}$$

$$V_{max} = \frac{1}{2} Q_1 l_n = \frac{1}{2} \times 49.08 \times 5.86 = 143.80\text{kN}$$

（3）托梁正截面受弯承载力验算

$$\alpha_s = \frac{M_{max}}{f_c b h_0^2} = \frac{238.12 \times 10^6}{14.3 \times 300 \times 690^2} = 0.117$$

$$\xi = 1 - \sqrt{1 - 2\alpha_s} = 1 - \sqrt{1 - 2 \times 0.117} = 0.125$$

$$A_s = \frac{f_c b h_0 \xi}{f_y} = \frac{14.3 \times 300 \times 690 \times 0.125}{300} = 1233\text{mm}^2$$

小于按使用阶段的计算结果。

（4）托梁斜截面受剪承载力验算

因 $V_{max} = 143.80\text{kN} < 481.64\text{kN}$，故按使用阶段的箍筋用量（$\phi10@100$）亦能满足要求。

最后，托梁应按使用阶段的计算结果配筋，如图 4-11 所示。

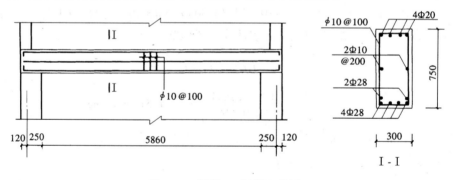

图 4-11　例题 4-1 托梁配筋图

第二节　挑　梁　设　计

挑梁是指一端嵌固在砌体墙内、一端悬挑在墙外用以支承雨篷、悬挑外廊、阳台、挑檐以及悬挑楼梯等的钢筋混凝土梁。

一、挑梁的受力性能与破坏形态

嵌固在砌体墙内的挑梁与砌体形成组合构件，共同受力。有限元分析及弹性地基梁理论分析均表明，图 4-12 中的挑梁在集中力 F 作用下，挑梁与墙体的上、下交界面上竖向正应力 σ_y 的分布呈非线性分布，但上界面的前部和下界面的后部处于受拉状态，上界面的后部和下界面的前部则处于受压状态。当荷载达到破坏荷载的 20% ~ 30% 时，首先在上界面前部产生水平裂缝①（图 4-13），随后在下界面后部产生水平裂缝②，均因砌体内主拉应力超过砌体沿通缝截面的弯曲抗拉强度导致的。继续加载达到破坏荷载的80％时，挑梁尾端的墙体中因主拉应力超过砌体沿齿缝截面的抗拉强度而产生阶梯形斜裂缝③，其与竖向轴线的夹角 $\alpha > 45°$（试验平均值为57.6°）。随着荷载增大，裂缝①、②不断延伸，挑梁下砌体受压面积逐渐减小，压应力不断增大，挑梁前部下方的砌体产生局部受压裂缝④。此外，当挑梁上部纵向钢筋不足以抵抗继续增大的荷载时，在墙边稍靠里的部位产生竖向裂缝⑤；当挑梁配置的箍筋不足时，在墙边靠外的部位产生斜裂缝⑥。

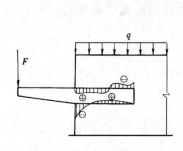

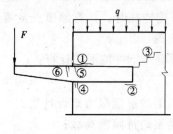

图 4-12 挑梁弹性阶段 σ_y 分布图　　图 4-13 挑梁裂缝分布图

以上表明，挑梁可能产生三种破坏形态。

1. 挑梁倾覆破坏

当挑梁尾端墙体斜裂缝③继续发展，表明挑梁倾覆力矩大于抗倾覆力矩，挑梁产生倾覆破坏。

2. 挑梁下砌体的局部受压破坏

裂缝①和②不断发展，挑梁下靠近墙边小部分砌体因压应力超过砌体局部抗压强度产生局部受压破坏。

3. 挑梁中的钢筋混凝土梁正截面或斜截面破坏

钢筋混凝土梁上部竖向裂缝⑤、斜裂缝⑥不断发展，最后分别因其正截面受弯承载力、斜截面受剪承载力不足产生弯曲破坏或剪切破坏。

由此可见，设计时应对挑梁进行抗倾覆验算、挑梁下砌体局部受压承载力验算以及挑梁中钢筋混凝土梁的正截面受弯、斜截面受剪承载力计算。

二、挑梁的抗倾覆验算

1. 计算倾覆点位置

挑梁属一种组合构件，在荷载作用下，梁的埋入端受上部和下部砌体的约束，其变形性质与挑梁埋入端的刚度、砌体的刚度等有关。如果挑梁的刚度较小且埋入砌体的长度较大，埋入砌体内的梁的竖向变形主要由弯曲变形引起，这种挑梁称为弹性挑梁。如果挑梁的刚度较大且埋入砌体的长度较小，埋入砌体内的梁的竖向变形主要由转动变形引起，这种挑梁称为刚性挑梁。

试验中挑梁是沿一个局部的支承面转动而发生倾覆破坏，很难观测到它是沿哪一点倾覆。为了便于分析，设定一个计算倾覆点（图4-14中点 O）。

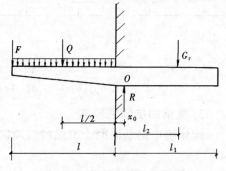

图 4-14 挑梁倾覆计算简图

它至墙外边缘的距离 x_0，可按下列规定采用：

当 $l_1 \geqslant 2.2 h_b$ 时，属弹性挑梁，取 $x_0 = 0.3 h_b$，且不大于 $0.13 l_1$。

当 $l_1 < 2.2 h_b$ 时，属刚性挑梁，取 $x_0 = 0.13 l_1$。

式中　l_1——挑梁埋入砌体墙中的长度（mm）；

h_b——挑梁的截面高度（mm）；

x_0——计算倾覆点至墙外边缘的距离（mm）。

挑梁下设有构造柱时，计算倾覆点至墙外边缘的距离可取 $0.5 x_0$。

2．抗倾覆荷载

挑梁的抗倾覆力矩可按下式计算：

$$M_r = 0.8 G_r (l_2 - x_0) \tag{4-15}$$

式中　M_r——挑梁的抗倾覆力矩设计值；

G_r——挑梁的抗倾覆荷载；

l_2——G_r 作用点至墙外边缘的距离。

基于挑梁倾覆破坏的特征，同时偏于安全，取挑梁尾端阶梯形斜裂缝的扩展角为 45°。因此，G_r 取挑梁尾端上部 45°扩散角的阴影范围（其水平长度为 l_3）内本层的砌体与楼面恒荷载标准值之和（如图 4-15 所示）。设计上当 $l_3 \leqslant l_1$ 时，G_r 按图 4-15（a）计算；当 $l_3 > l_1$ 时，按图 4-15（b）计算；当有洞口时，依洞口所在位置不同，分别按图 4-15（c）～（e）计算。

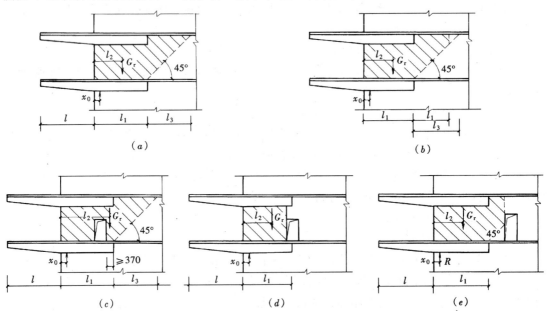

图 4-15　挑梁的抗倾覆荷载

（a）$l_3 \leqslant l_1$ 时；（b）$l_3 > l_1$ 时；（c）洞在 l_1 之内；（d）洞在尾端部；（e）洞在 l_1 之外

3．挑梁的抗倾覆验算

砌体墙中钢筋混凝土挑梁的抗倾覆应按下式计算：

$$M_{ov} \leqslant M_r \tag{4-16}$$

式中　M_{ov}——挑梁的荷载设计值对计算倾覆点产生的倾覆力矩。

雨篷的抗倾覆验算与上述方法相同。值得注意的是雨篷梁的宽度通常与墙厚相等，其埋入砌体墙中的长度很小，属刚性挑梁。此外，其抗倾覆荷载 G_r 为雨篷梁外端向上倾斜 45°扩散角范围（水平投影每边长取 $l_3 = l_n/2$）内的砌体与楼面恒荷载标准值之和，如图 4-16 所示，G_r 距墙外边缘的距离 $l_2 = l_1/2$。

三、挑梁下砌体的局部受压承载力验算

挑梁与墙体的上界面较早形成水平裂缝①（图 4-13），挑梁下的砌体产生局部受压破坏时该水平裂缝已延伸很长，因此，挑梁下的砌体局部压应力 σ_y 可不考虑上部荷载的影响。挑梁下的砌体发生局部受压破坏时，由于砌体的塑性变形，其应力图形完整系数可取

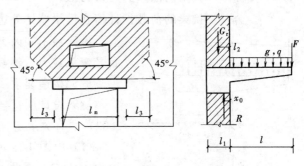

图 4-16 雨篷的抗倾覆荷载

$\eta = 0.7$。另外，为了使局压承载力计算值与试验值大体接近，取压应力分布长度 $a = 1.2h_b$（h_b 为挑梁截面高度）。

挑梁下砌体的局部受压承载力可按下式验算：

$$N_l \leq \eta \gamma f A_l \qquad (4-17)$$

式中　N_l——挑梁下的支承压力，可取 $N_l = 2R$，R 为挑梁的倾覆荷载设计值；

　　　η——梁端底面压应力图形的完整系数，可取 0.7；

　　　γ——砌体局部抗压强度提高系数，按图 4-17 采用；

　　　A_l——挑梁下砌体局部受压面积，可取 $A_l = 1.2bh_b$，b 为挑梁的截面宽度，h_b 为挑梁的截面高度。

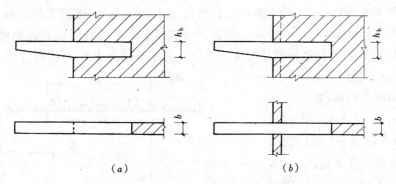

图 4-17 挑梁下砌体局部抗压强度提高系数 γ

(a) 挑梁支承在一字墙 $\gamma = 1.25$；(b) 挑梁支承在丁字墙 $\gamma = 1.5$

当不满足式（4-17）的要求时，可在挑梁下与墙体相交处设置刚性垫块或采取其他措施，以提高挑梁下砌体的局部受压承载力。

四、钢筋混凝土梁的承载力计算

挑梁尾端的受力较为复杂，经分析，挑梁在荷载作用下，最大弯矩在计算倾覆点处截面，沿埋入段其弯矩逐渐减小，至尾端减为零；最大剪力则在墙边（图 4-18）。设计时挑梁的内力按下式计算：

$$M_{\max} = M_{\text{ov}} \tag{4-18}$$

$$V_{\max} = V_0 \tag{4-19}$$

式中　$M_{\max}$——挑梁的最大弯矩设计值；

　　　$V_{\max}$——挑梁的最大剪力设计值；

　　　V_0——挑梁的荷载设计值在挑梁墙体外边缘截面产生的剪力。

挑梁最不利内力确定后，即可按钢筋混凝土梁进行正截面受弯承载力、斜截面受剪承载力计算。

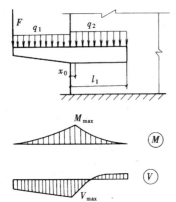

图 4-18　挑梁弯矩、剪力图

五、构造要求

挑梁设计应符合《混凝土结构设计规范》（GB 50010—2002）的有关规定，并应满足下列构造要求：

（1）由图 4-18 可见，挑梁在埋入段 $l_1/2$ 处的弯矩较大，约为 $M_{\max}/2$。因此，挑梁上部纵向受力钢筋至少应有 1/2 的钢筋面积伸入梁尾端，且不少于 $2\phi12$，其余钢筋伸入支座的长度不应小于 $2l_1/3$。

（2）挑梁埋入砌体长度 l_1 与挑出长度 l（图 4-15）之比宜大于 1.2；当挑梁上无砌体（如全靠楼面、屋面恒荷载抗倾覆）时，l_1 与 l 之比宜大于 2。

【例题 4-2】 室外走廊下的钢筋混凝土挑梁（图 4-19），埋置于 T 形截面墙段，挑出长度 $l = 1.8\text{m}$，埋入长度 $l_1 = 2.8\text{m}$，顶层挑梁埋入长度则为 3.6m。挑梁高度 $h_b = 350\text{mm}$，挑梁间墙体净高为 2.8m，墙厚 $h = 240\text{mm}$，采用 MU10 烧结页岩砖、M5 水泥混合砂浆砌筑，施工质量控制等级为 B 级。距墙边 3.4m 处开门洞，$b_h = 900\text{mm}$，$h_h = 2100\text{mm}$。挑梁采用 C25 混凝土，纵向受力钢筋采用 HRB335 级钢筋，箍筋采用 HPB235 级钢筋。已知墙面自重标准值为 5.24kN/m^2；楼面恒荷载标准值为 2.64kN/m^2，楼面活荷载标准值为 2kN/m^2；屋面恒荷载标准值为 4.44kN/m^2，屋面活荷载标准值为 0.5kN/m^2；走廊楼面活荷载标准值为 2.5kN/m^2；挑梁自重标准值为 1.5kN/m。房屋开间为 3.9m。试设计该挑梁。

【解】 1. 荷载计算

屋面均布荷载标准值

$$g_{3k} = 4.44 \times 3.9 = 17.32\text{kN/m}$$

$$q_{3k} = 0.5 \times 3.9 = 1.95\text{kN/m}$$

楼面均布荷载标准值：

$$g_{2k} = g_{1k} = 2.64 \times 3.9 = 10.30\text{kN/m}$$

$$q_{1k} = 2.5 \times 3.9 = 9.75\text{kN/m}$$

$$F_k = 4.5 \times 3.9 = 17.55\text{kN}$$

挑梁自重标准值：

$$g = 1.5\text{kN/m}$$

2. 挑梁的抗倾覆验算

（1）确定倾覆点位置

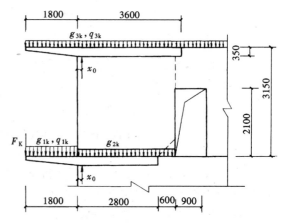

图 4-19　例题 4-2 挑梁计算简图

因 $l_1 = 2.8\text{m} > 2.2h_b = 2.2 \times 0.35 = 0.77\text{m}$，取 $x_0 = 0.3h_b = 0.3 \times 0.35 = 0.105\text{m} < 0.13l_1$

$$= 0.13 \times 2.8 = 0.364 \text{m}$$

（2）计算倾覆力矩

对于顶层，

$$M_{\text{ov}} = \frac{1}{2}[1.2(1.5 + 17.32) + 1.4 \times 1.95](1.8 + 0.105)^2 = 45.93 \text{ kN} \cdot \text{m}$$

对于楼层，

$$M_{\text{ov}} = \frac{1}{2}[1.2(1.5 + 10.3) + 1.4 \times 9.75](1.8 + 0.105)^2 + 1.2 \times 17.55 \times (1.8 + 0.105)$$

$$= 90.58 \text{ kN} \cdot \text{m}$$

（3）计算抗倾覆力矩

对于顶层，

$$G_{\text{r}} = (1.5 + 17.32) \times (3.6 - 0.105) = 65.78 \text{kN}$$

按式（4-16）和式（4-15），

$$M_{\text{r}} = 0.8 G_{\text{r}}(l_2 - x_0) = 0.8 \times 65.78 \times (3.6 - 0.105) \times \frac{1}{2} = 91.96 \text{kN} \cdot \text{m} > 45.93 \text{kN} \cdot \text{m}，满足$$
要求。

对于楼层，

$$M_{\text{r}} = 0.8 \Sigma G_{\text{r}}(l_2 - x_0) = 0.8 \Big\{ (1.5 + 10.3) \times \frac{1}{2} \times (2.8 - 0.105)^2 + 5.24 \Big[2.8 \times 2.8 \times (1.4$$

$$- 0.105) + 0.6 \times 2.8 \times (2.8 + 0.3 - 0.105) - \frac{1}{2} \times 0.6 \times 0.6 \times \Big(2.8 + \frac{2}{3} \times 0.6 - 0.105 \Big) \Big] \Big\} =$$
$95.6 \text{kN} \cdot \text{m} > 90.58 \text{kN} \cdot \text{m}$，满足要求。

3. 挑梁下砌体的局部受压承载力验算

对于顶层，

$$N_l = 2R = 2[1.2(1.5 + 17.32) + 1.4 \times 1.95] \times (1.8 + 0.105)$$

$$= 96.45 \text{kN}$$

按式（4-17），

$\eta \gamma f A_l = 0.7 \times 1.5 \times 1.5 \times 1.2 \times 0.24 \times 0.35 \times 10^3 = 158.76 \text{kN} > N_l = 96.45 \text{kN}$，满足要求。

对于楼层，

$N_l = 2\{[1.2(1.5 + 10.3) + 1.4 \times 9.75] \times 1.905 + 1.2 \times 17.55\} = 148.08 \text{kN} < \eta \gamma f A_l =$
158.76kN，亦满足要求。

4. 挑梁本身的承载力计算

以楼层挑梁为例，

$$M_{\text{max}} = M_{\text{ov}} = 90.58 \text{kN} \cdot \text{m}$$

$$V_{\text{max}} = V_0 = [1.2(1.5 + 10.3) + 1.4 \times 9.75] \times 1.8 + 1.2 \times 17.55$$

$$= 71.12 \text{kN}$$

按钢筋混凝土受弯构件计算，

$$\alpha_{\text{s}} = \frac{M_{\text{max}}}{f_{\text{c}} b h_0^2} = \frac{90.58 \times 10^6}{11.9 \times 240 \times 315^2} = 0.32$$

$$\xi = 1 - \sqrt{1 - 2\alpha_s} = 1 - \sqrt{1 - 2 \times 0.32} = 0.40 < \xi_b$$

$$A_s = \frac{f_c b h_0 \xi}{f_y} = \frac{11.9 \times 240 \times 315 \times 0.4}{300} = 1199.5 \text{mm}^2$$

选用 4 Φ 20（1256mm^2）

$$0.7 f_t b h_0 = 0.7 \times 1.27 \times 240 \times 315 \times 10^{-3} = 67.21 \text{kN}$$

$$0.25 \beta_c f_c b h_0 = 0.25 \times 1.0 \times 11.9 \times 240 \times 315 \times 10^{-3} = 224.91 \text{kN}$$

因 $0.7 f_t b h_0 < V_{max} < 0.25 \beta_c f_c b h_0$，需按计算配置箍筋。

由

$$V_{max} \leqslant 0.7 f_t b h_0 + 1.25 f_{yv} \frac{A_{sv}}{s} h_0$$

得

$$\frac{A_{sv}}{s} = \frac{71.12 \times 10^3 - 67.21 \times 10^3}{1.25 \times 210 \times 315} = 0.047$$

$$\rho_{sv} = \frac{0.047}{240} = 0.02\% < \rho_{sv,min} = 0.24 \times \frac{1.27}{210} = 0.145\%$$

按最小配箍率配置，选用双肢箍筋 $\phi 6 @ 160$，$\rho_{sv} = \frac{A_{sv}}{bs} = \frac{57}{240 \times 160} = 0.148\% > \rho_{sv,min}$，满足要求。

楼层挑梁配筋图如图 4-20 所示。

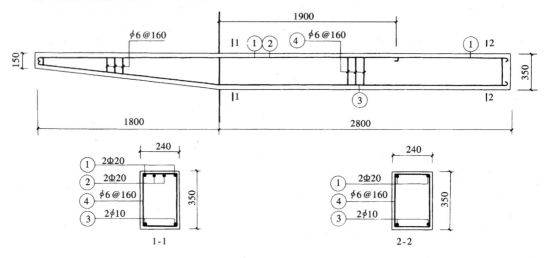

图 4-20 ［例题 4-2］楼层挑梁配筋图

第三节 过 梁 设 计

一、过梁的分类及其适用范围

过梁是指设在门、窗洞口上用以承受墙体自重或上层楼面梁、板荷载的梁。根据所用材料的不同，有砖砌过梁（砖砌平拱、钢筋砖过梁）和钢筋混凝土过梁。

砖砌平拱由砖侧立砌筑而成，厚度与墙厚相同，高度一般为 240mm 或 370mm，净跨（l_n）不应超过 1.2m，钢筋砖过梁是在过梁底部水平灰缝内配置纵向受力钢筋而成，l_n 不应超过 1.5m。抗震设防地区房屋的门、窗洞口宜采用钢筋混凝土过梁。

二、过梁的计算

（一）荷载取值

作用于过梁上的荷载有墙体自重和过梁计算高度范围内的梁、板荷载。试验表明：当墙体的砌筑高度达到跨度的一半左右时，由于墙体内拱效应以及砌体和过梁的组合作用，过梁跨中的挠度几乎不再增加。此时，墙体荷载约相当于高度等于 $l_n/3$ 的砌体自重。当在砖砌体高度约为 $0.8l_n$ 处施加外荷载时，荷载同样将通过组合深梁传给砖墙，过梁挠度几乎没有变化。基于此并为了简化计算，过梁上的荷载按下述方法取值：

1. 墙体荷载

对砖砌体，当过梁上的墙体高度 $h_w < l_n/3$ 时，墙体荷载应按墙体的均布自重采用，如图 4-21（a）所示；当墙体高度 $h_w \geq l_n/3$ 时，应按高度为 $l_n/3$ 墙体的均布自重采用，如图 4-21（b）所示。

对混凝土砌块砌体，当过梁上的墙体高度 $h_w < l_n/2$ 时，墙体荷载应按墙体的均布自重采用，如图 4-21（c）所示；当墙体高度 $h_w \geq l_n/2$ 时，应按高度为 $l_n/2$ 墙体的均布自重采用，如图 4-21（d）所示。

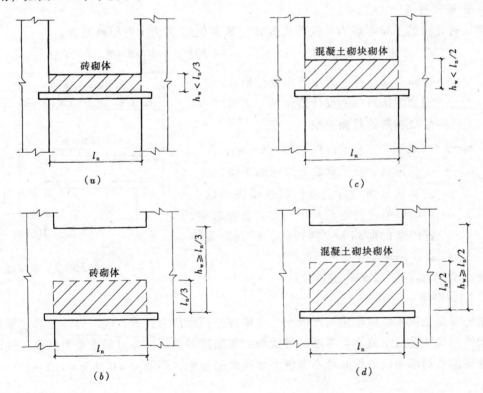

图 4-21　过梁上的墙体荷载

2. 梁、板荷载

对砖和混凝土小型砌块砌体，当梁、板下的墙体高度 $h_w < l_n$ 时，应考虑梁、板传来的荷载；当梁、板下的墙体高度 $h_w \geq l_n$ 时，可不考虑梁、板传来的荷载，如图 4-22 所示。

（二）承载力计算

从理论上来说，过梁与墙梁同属一种类型的组合构件，但过梁的设计计算采取了更为简化的方法，并将过梁视为受弯构件。

1. 砖砌平拱

砖砌平拱按式（2-56）进行受弯承载力验算，由于过梁支座水平推力延缓了过梁正截面的弯曲破坏，提高了砌体沿通缝截面的弯曲抗拉强度，故 f_{tm} 取沿齿缝截面的弯曲抗拉强度。根据受弯承载力，砖砌平拱的允许均布荷载设计值可直接查表 4-2 确定。

砖砌平拱的允许均布荷载设计值 [q]　　　　表 4-2

墙厚 h（mm）	240		370	
净跨 l_n（mm）	$l_n \leqslant 1200$			
砂浆强度等级	M2.5	M5	M2.5	M5
[q]（kN/m）	6.04	8.18	9.32	12.61

注：砖砌平拱的计算高度按 $l_n/3$ 考虑。

按式（2-57）进行受剪承载力计算，工程上一般能满足，可不必进行验算。

2. 钢筋砖过梁

钢筋砖过梁的受弯承载力可按下式验算（其中 0.85 为内力臂折减系数）：

$$M \leqslant 0.85 h_0 f_y A_s \qquad (4-20)$$

式中　　M——按简支梁计算的跨中弯矩设计值；

f_y——钢筋的抗拉强度设计值；

A_s——受拉钢筋的截面面积；

h_0——过梁截面的有效高度，$h_0 = h - a_s$；

a_s——受拉钢筋重心至截面下边缘的距离；

h——过梁的截面计算高度，取过梁底面以上的墙体高度，但不大于 $l_n/3$；当考虑梁、板传来的荷载时，则按梁、板下的墙体高度采用。

受剪承载力按式（2-57）进行计算。

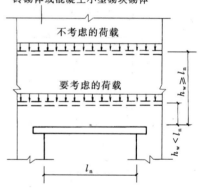

图 4-22　过梁上的梁、板荷载

3. 钢筋混凝土过梁

钢筋混凝土过梁，应按钢筋混凝土受弯构件进行承载力计算，同时尚应验算过梁端支承处砌体的局部受压承载力。考虑到过梁与上部墙体的共同工作且过梁端变形极小，过梁端支承处砌体的局部受压验算时可不考虑上部荷载的影响，即取 $\psi = 0$ 且 $\eta = 1.0$，$\gamma = 1.25$，$a_0 = a$。

三、过梁的构造要求

砖砌过梁应满足下列构造要求：

（1）砖砌过梁截面计算高度内的砂浆不宜低于 M5。

（2）砖砌平拱用竖砖砌筑部分的高度不应小于 240mm。

（3）钢筋砖过梁底面砂浆层处的钢筋，其直径不应小于 5mm，间距不宜大于 120mm，钢筋伸入支座砌体内的长度不宜小于 240mm，砂浆层的厚度不宜小于 30mm。

【例题 4-3】 已知某墙门洞净宽 $l_n = 1.0m$，墙厚 240mm，双面粉刷，门洞过梁采用砖砌平拱过梁，用竖砖砌筑部分高度为 240mm，采用 MU10 烧结页岩砖、M5 水泥混合砂浆砌筑，施工质量控制等级为 B 级。试求该过梁的允许均布荷载设计值。

【解】 查表 2-8 得：

$$f_{tm} = 0.23MPa, \quad f_{v0} = 0.11MPa$$

1. 按受弯承载力计算

砖砌平拱上墙体的计算高度 $h_w = \frac{1}{3} l_n$，近似取计算跨度 $l_0 = l_n = 1.0m$。

由式 (2-56)，并以 $M = \frac{1}{8} [q] l_n^2$，$W = \frac{1}{6} b h_w^2 = \frac{1}{54} b l_n^2$ 代入，可得：

$$[q] = \frac{8M}{l_n^2} = \frac{8f_{tm}W}{l_n^2} = \frac{4}{27} b f_{tm} = \frac{4}{27} \times 240 \times 0.23 = 8.18kN/m$$

2. 按受剪承载力计算

由式 (2-57)，并以 $V = \frac{1}{2} [q] l_n$，$Z = \frac{2}{3} h_w = \frac{2}{9} l_n$ 代入，可得：

$$[q] = \frac{2V}{l_n} = \frac{2f_v b Z}{l_n} = \frac{4}{9} b f_v = \frac{4}{9} \times 240 \times 0.11 = 11.73kN/m$$

由此可见，该过梁允许均布荷载设计值为 8.18kN/m。

【例题 4-4】 已知钢筋砖过梁净跨 $l_n = 1.5m$，墙厚 240mm，双面粉刷，采用 MU10 烧结粉煤灰砖、M5 水泥混合砂浆砌筑，施工质量控制等级为 B 级。在距洞口顶面 500mm 处作用有楼板荷载，其标准值分别为 $g_k = 6.8kN/m$，$q_k = 4.2kN/m$。试设计此过梁。

【解】 1. 内力计算

楼板下砌体高度 $h_w = 500mm < l_n = 1500mm$，因此，必须考虑楼板传来的荷载，作用在过梁上的均布荷载设计值为：

$$g + q = 1.2 \left(6.8 + \frac{1.5}{3} \times 5.24 \right) + 1.4 \times 4.2 = 17.18kN/m$$

$$M = \frac{1}{8} (g + q) l_n^2 = \frac{1}{8} \times 17.18 \times 1.5^2 = 4.83kN \cdot m$$

$$V = \frac{1}{2} (g + q) l_n = \frac{1}{2} \times 17.18 \times 1.5 = 12.89kN$$

2. 受弯承载力计算

由于考虑楼板传来的荷载，因此取 $h = 500mm$，$h_0 = h - a_s = 500 - 15 = 485mm$，采用 HPB235 级钢筋，$f_y = 210MPa$，由式 (4-20) 得：

$$A_s = \frac{M}{0.85 f_y h_0} = \frac{4.83 \times 10^6}{0.85 \times 210 \times 485} = 55.8mm^2$$

选用 $2\phi6$（$57mm^2$），满足要求。

3. 受剪承载力计算

查表 2-8 得，$f_{v0} = 0.23MPa$，将 $Z = \frac{2}{3} h$ 代入式 (2-57)，

$$f_{v0} b Z = 0.23 \times 240 \times \frac{2}{3} \times 500 \times 10^{-3} = 18.4kN > V = 12.89kN，满足要求。$$

【例题 4-5】 已知钢筋混凝土过梁净跨 $l_n = 2.4m$，过梁伸入窗间墙的支承长度 $a =$

240mm，墙厚 240mm，采用 MU10 烧结煤矸石、M5 水泥混合砂浆砌筑，施工质量控制等级为 B 级。距洞口顶面 1.2m 处作用有楼板荷载，其标准值分别为 $q_k = 9.6\text{kN/m}$，$q_k = 6.4\text{kN/m}$。试设计此过梁。

【解】 1. 内力计算

初步假定过梁截面尺寸 $b \times h = 240\text{mm} \times 240\text{mm}$。

过梁上墙体高度 $h_w = 1.2\text{m} > \dfrac{l_n}{3} = \dfrac{2.4}{3} = 0.8\text{m}$，只考虑 0.8m 高的墙体自重。

楼板下砌体高度 $h_w = 1.2\text{m} < l_n = 2.4\text{m}$。因此，应考虑楼板传来的荷载。

作用在过梁上的均布荷载设计值为：

$$g + q = 1.2(5.24 \times 0.8 + 25 \times 0.24 \times 0.24 + 20 \times 3 \times 0.015 \times 0.24 + 9.6) + 1.4 \times 6.4$$
$$27.50\text{kN/m}$$

假设过梁支座反力均匀分布，取过梁计算跨度 $l_0 = l_n + a = 2.4 + 0.24 = 2.64\text{m}$。

$$M = \frac{1}{8}(g + q)l_0^2 = \frac{1}{8} \times 27.5 \times 2.64^2 = 23.96\text{kN} \cdot \text{m}$$

$$V = \frac{1}{2}(g + q)l_n = \frac{1}{2} \times 27.5 \times 2.4 = 33\text{kN}$$

2. 受弯承载力计算

过梁采用 C20 混凝土，$f_c = 9.6\text{MPa}$，$f_t = 1.1\text{MPa}$，纵向受力钢筋采用 HRB335 级钢筋，$f_y = 300\text{MPa}$，箍筋采用 HPB235 级钢筋，$f_y = 210\text{MPa}$。

$$\alpha_s = \frac{M}{f_c b h_0^2} = \frac{23.96 \times 10^6}{9.6 \times 240 \times 205^2} = 0.247$$

$$\xi = 1 - \sqrt{1 - 2\alpha_s} = 1 - \sqrt{1 - 2 \times 0.247} = 0.289 < \xi_b$$

$$A_s = \frac{f_c b h_0 \xi}{f_y} = \frac{9.6 \times 240 \times 205 \times 0.289}{300} = 455\text{mm}^2$$

$$> \rho_{min} bh = 1.76\% \times 240 \times 240 = 101.4\text{mm}^2$$

选用 3 Φ 14（461mm²）

3. 受剪承载力计算

$$0.25 f_c b h_0 = 0.25 \times 9.6 \times 240 \times 205 \times 10^{-3} = 118.08\text{kN} > V$$

$$0.7 f_t b h_0 = 0.7 \times 1.1 \times 240 \times 205 \times 10^{-3} = 37.88\text{kN} > V$$

可按构造要求配置箍筋，选用双肢箍筋 $\phi 6@200$。

4. 过梁端部砌体的局部受压承载力验算

查表得 $f = 1.5\text{MPa}$，并取 $a_0 = a = 240\text{mm}$，$\eta = 1.0$，$\gamma = 1.25$，$\psi = 0$，

$\eta \gamma f A_l = 1.25 \times 1.5 \times 240 \times 240 \times 10^{-3} = 108\text{kN} > N_l = \dfrac{1}{2} \times 27.5 \times 2.64 = 36.3\text{kN}$，满足要求。

过梁配筋图如图 4-23 所示。

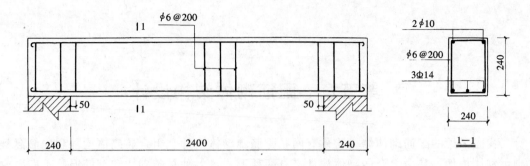

图 4-23 ［例题 4-5］过梁配筋图

思 考 题 与 习 题

4-1 无洞口墙梁的破坏形态有哪几种？各自产生的前提是什么？

4-2 试述洞口对墙梁受力性能的影响。

4-3 墙梁在使用阶段和施工阶段的荷载如何确定？

4-4 墙梁的承载力计算包括哪些项目？设计时应满足哪些主要构造要求？

4-5 挑梁可能发生哪几种破坏？挑梁应进行哪些计算和验算？

4-6 何谓挑梁的抗倾覆荷载？如何确定？

4-7 常用的过梁有哪几种类型？它们各自的适用范围如何？

4-8 过梁上的荷载有哪些？如何取值？

第五章　配筋砌体结构设计

我国采用的配筋砌体结构构件有网状配筋砖砌体构件、组合砖砌体构件和配筋混凝土砌块砌体构件。其中组合砖砌体构件又有两种形式：一种是砖砌体和钢筋混凝土面层或钢筋砂浆面层的组合砌体构件，另一种是砖砌体和钢筋混凝土构造柱组合墙。

第一节　网状配筋砖砌体构件的受压承载力

在砖砌体的水平砂浆缝中配置钢筋网片的砌体承重构件，称为网状配筋砖砌体构件，亦称为横向配筋砖砌体构件。它属于均匀配筋砌体构件。

一、受压性能

网状配筋砖砌体在轴心压力作用下，其破坏过程如同无筋砌体那样，可分为三个受力阶段。但这两类砌体在受力性能上有一定的区别，且在工程上的应用范围有所不同。

1. 在受力的第一阶段

这是自压力施加至产生第一条或第一批裂缝的阶段。受力特点与无筋砌体的相同，但产生第一批裂缝时的压力较无筋砌体的高，为破坏压力的 60%～75%。

2. 在受力的第二阶段

这是自压力继续增大至竖向裂缝增多、发展较快的阶段。由于网状钢筋能承受较大的横向拉应力，并使砌体的横向变形减小，因而，较之无筋砌体，竖向裂缝数量多，裂缝宽度细小，裂缝发展的速度较为缓慢，且竖向裂缝往往被网状钢筋隔断，不能在整个砌体高度内连续分布。

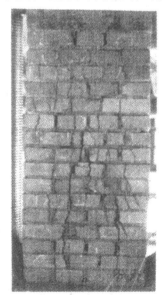

图 5-1　网状配筋砖砌体轴心受压破坏

3. 在受力的第三阶段

这是压力至极限值，砌体完全破坏的阶段。此时的压力称为破坏压力。由于上述网状钢筋的约束和间接受压作用，砌体整体性好，一般不会像无筋砌体那样形成竖向小柱体，而是砌体内有的砖严重开裂或被压碎，破坏时砖的抗压强度得到较充分发挥，砌体抗压强度有较大程度的增加。其破坏形态如图5-1所示。

4. 适用范围

网状配筋砖砌体可用作轴心受压或偏心距较小时的偏心受压的墙和柱。试验研究表明：网状配筋砖砌体受压构件的承载力受到偏心距 e 和构件高厚比 β 的制约。当 e 或 β 较大时，网状钢筋的作用减小，受压承载力的提高有限或不安全。因此，偏心距超过截面核心范围，对于矩形截面构件即 $e/h > 0.17$（h 为截面的轴向力偏心方向的边长）时或 e 虽未超过截面核心范围，但 $\beta > 16$ 时，不宜采用网状配筋砖砌体构件。

二、受压承载力计算

网状配筋砖砌体构件的受压承载力，应按下式计算：

$$N \leqslant \varphi_n f_n A \tag{5-1}$$

式中　N——轴向力设计值；

φ_n——高厚比和配筋率以及轴向力的偏心距对网状配筋砖砌体受压构件承载力的影响系数；

f_n——网状配筋砖砌体的抗压强度设计值；

A——截面面积。

1.φ_n

由公式（2-18），得

$$\varphi_n = \cfrac{1}{1 + 12\left[\dfrac{e}{h} + \sqrt{\dfrac{1}{12}\left(\dfrac{1}{\varphi_{0n}} - 1\right)}\right]^2} \tag{5-2}$$

式中 φ_{0n} 为网状配筋砖砌体受压构件的稳定系数，由式（2-15），但考虑网状配筋砌体的变形特性，取 $\eta = \dfrac{1 + 3\rho}{667}$，得

$$\varphi_{0n} = \cfrac{1}{1 + \dfrac{1 + 3\rho}{667}\beta^2} \tag{5-3}$$

$$\rho = \frac{V_s}{V}100 \tag{5-4}$$

式中　ρ——体积配筋率；

V_s、V——分别为钢筋和砌体的体积。

当钢筋网沿构件竖向的间距为 s_n，钢筋的截面面积为 A_s，而网格尺寸如图 5-2 所示，对网格尺寸为 a 和 b 的矩形网，

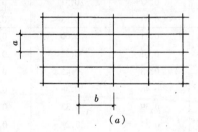
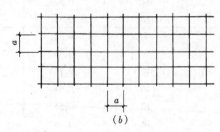

图 5-2　钢筋网的网格尺寸

$$\rho = \frac{(a + b)A_s}{abs_n}100 \tag{5-5}$$

对网格尺寸 $a = b$ 的方格网，

$$\rho = \frac{2A_s}{as_n}100 \tag{5-6}$$

现按 e/h、β 和 ρ 在不同取值下的 φ_n 列于表 5-1，可直接查用。

影响系数 φ_n 表 5-1

ρ	β \ e/h	0	0.05	0.10	0.15	0.17
0.1	4	0.97	0.89	0.78	0.67	0.63
	6	0.93	0.84	0.73	0.62	0.58
	8	0.89	0.78	0.67	0.57	0.53
	10	0.84	0.72	0.62	0.52	0.48
	12	0.78	0.67	0.56	0.48	0.44
	14	0.72	0.61	0.52	0.44	0.41
	16	0.67	0.56	0.47	0.40	0.37
0.3	4	0.96	0.87	0.76	0.65	0.61
	6	0.91	0.80	0.69	0.59	0.55
	8	0.84	0.74	0.62	0.53	0.49
	10	0.78	0.67	0.56	0.47	0.44
	12	0.71	0.60	0.51	0.43	0.40
	14	0.64	0.54	0.46	0.38	0.36
	16	0.58	0.49	0.41	0.35	0.32
0.5	4	0.94	0.85	0.74	0.63	0.59
	6	0.88	0.77	0.66	0.56	0.52
	8	0.81	0.69	0.59	0.50	0.46
	10	0.73	0.62	0.52	0.44	0.41
	12	0.65	0.55	0.46	0.39	0.36
	14	0.58	0.49	0.41	0.35	0.32
	16	0.51	0.43	0.36	0.31	0.29
0.7	4	0.93	0.83	0.72	0.61	0.57
	6	0.86	0.75	0.63	0.53	0.50
	8	0.77	0.66	0.56	0.47	0.43
	10	0.68	0.58	0.49	0.41	0.38
	12	0.60	0.50	0.42	0.36	0.33
	14	0.52	0.44	0.37	0.31	0.30
	16	0.46	0.38	0.33	0.28	0.26
0.9	4	0.92	0.82	0.71	0.60	0.56
	6	0.83	0.72	0.61	0.52	0.48
	8	0.73	0.63	0.53	0.45	0.42
	10	0.64	0.54	0.46	0.38	0.36
	12	0.55	0.47	0.39	0.33	0.31
	14	0.48	0.40	0.34	0.29	0.27
	16	0.41	0.35	0.30	0.25	0.24
1.0	4	0.91	0.81	0.70	0.59	0.55
	6	0.82	0.71	0.60	0.51	0.47
	8	0.72	0.61	0.52	0.43	0.41
	10	0.62	0.53	0.44	0.37	0.35
	12	0.54	0.45	0.38	0.32	0.30
	14	0.46	0.39	0.33	0.28	0.26
	16	0.39	0.34	0.28	0.24	0.23

2. f_n

根据试验研究，网状配筋砖砌体的抗压强度设计值，应按下式计算：

$$f_n = f + 2\left(1 - \frac{2e}{y}\right)\frac{\rho}{100}f_y \tag{5-7}$$

式中　e——轴向力的偏心距；

　　　f_y——钢筋的抗拉强度设计值，当 $f_y > 320MPa$ 时，取 $f_y = 320MPa$。

　　式（5-7）表明，网状钢筋提高了砌体的抗压强度，但随偏心距的增大，强度增加的幅度明显降低。如当 e/y 分别为 0、1/3 和 1.0 时，其中 $\left(1 - \frac{2e}{y}\right)$ 项分别为 1.0、0.33 和 0。此外，应注意表 2-9 中的规定，如当网状配筋砖砌体构件的截面面积 $A < 0.2m^2$，取 $\gamma_a = A + 0.8$，它只是对公式（5-7）中的 f 值作调整，即取 $\gamma_a f$。

　　3. 附加的验算

　　网状配筋砖砌体受压构件除按公式（5-1）计算偏心受压的承载力外，对矩形截面构件，当轴向力偏心方向的截面边长大于另一方向的边长时，还应对较小边长方向按轴心受压进行验算。当网状配筋砖砌体构件下端与无筋砌体交接时，尚应验算无筋砌体的局部受压承载力。

　　【例题 5-1】　某房屋中横墙，墙厚 240mm，墙的计算高度为 3.6m，采用网状配筋砖砌体。由 MU10 烧结普通砖和 M10 水泥砂浆砌筑，并采用乙级冷拔低碳钢丝 ϕ^b4 焊接方格网，网格尺寸为 70mm × 70mm（如图 5-2b 所示，$a = 70mm$），每 3 皮砖设置一层钢筋网，施工质量控制等级为 B 级。该墙作用的轴心力设计值为 450kN，试核算墙体受压承载力。

　　【解】　因采用水泥砂浆，查表 2-2 并按表 2-9 第 3 项规定，得 $f = 0.9 \times 1.89 = 1.70MPa$。

　　查《冷拔钢丝预应力混凝土构件设计与施工规程》，$f_y = 320N/mm^2$。

　　$A_s = 12.6mm^2$，$a = 70mm$，每皮砖按 65mm 计，得 $s_n = 3 \times 65 = 195mm$，网格尺寸及间距均符合构造要求。

　　由公式（5-6）

$$\rho = \frac{2A_s}{as_n}100 = \frac{2 \times 12.6}{70 \times 195}100 = 0.185 \begin{array}{l} > 0.1 \\ < 1.0 \end{array}$$

　　由公式（5-7）

$$f_n = f + \frac{2\rho}{100}f_y = 1.70 + \frac{2 \times 0.185}{100} \times 320 = 2.88MPa$$

$$\beta = \frac{H_0}{h} = \frac{3.6}{0.24} = 15 < 16$$

　　由公式（5-2）和（5-3）（亦可查表 5-1）

$$\varphi_n = \varphi_{0n} = \frac{1}{1 + \dfrac{1 + 3\rho}{667}\beta^2} = \frac{1}{1 + \dfrac{1 + 3 \times 0.185}{667} \times 15^2} = \frac{1}{1.52} = 0.66$$

　　取 1000mm 宽横墙进行验算，按公式（5-1）得

　　$\varphi_n f_n A = 0.66 \times 2.88 \times 240 \times 1000 \times 10^{-3} = 456.2kN > 450.0kN$，该网状配筋砖砌体横墙的受压承载力符合要求。

第二节 砖砌体和钢筋混凝土面层或钢筋砂浆面层的组合砌体构件的受压承载力

一、受压性能

这种组合砌体构件由砖砌体和钢筋混凝土或钢筋砂浆组成，属集中—均匀配筋砌体构件。由于钢筋混凝土或钢筋砂浆设在面层，其受力和变形性能有自己的特点，但又与钢筋混凝土受压构件的性能接近。

图5-3 组合砖砌体轴心受压破坏

1．轴心受压破坏特征

组合砖砌体在轴心压力作用下，通常在砌体与面层的连接处产生第一批裂缝。随压力增大，砖砌体内逐渐产生竖向裂缝，由于两侧的钢筋混凝土（或钢筋砂浆）的横向约束，砌体内裂缝的发展较为缓慢。最终破坏时，砌体内的砖和面层混凝土或面层砂浆严重脱落甚至被压碎，如图5-3所示。有的试件还可能产生竖向钢筋在箍筋范围内压屈的破坏形态。

2．强度系数

组合砖砌体受压时，砖砌体受面层钢筋混凝土或钢筋砂浆的约束，其受压变形能力增大，直至组合砖砌体达极限承载力，砖砌体内的压应力仍低于砌体抗压强度；砂浆面层中钢筋的应变小于钢筋的屈服应变。材料强度未被充分利用的这一特性将以砖砌体及钢筋的强度系数来表示。

3．稳定系数

组合砖砌体构件轴心受压时的纵向弯曲性能，介于同样截面的无筋砖砌体构件和钢筋混凝土构件的纵向弯曲性能之间。基于此，按构件不同的高厚比 β 和截面配筋率 $\rho = \dfrac{A'_s}{bh}$ 制成组合砖砌体构件的稳定系数 φ_{com} 表，计算时可直接查用表5-2。

组合砖砌体构件的稳定系数 φ_{com}

表 5-2

高厚比	配 筋 率 ρ（%）					
β	0	0.2	0.4	0.6	0.8	≥1.0
8	0.91	0.93	0.95	0.97	0.99	1.00
10	0.87	0.90	0.92	0.94	0.96	0.98
12	0.82	0.85	0.88	0.91	0.93	0.95
14	0.77	0.80	0.83	0.86	0.89	0.92
16	0.72	0.75	0.78	0.81	0.84	0.87
18	0.67	0.70	0.73	0.76	0.79	0.81
20	0.62	0.65	0.68	0.71	0.73	0.75
22	0.58	0.61	0.64	0.66	0.68	0.70
24	0.54	0.57	0.59	0.61	0.63	0.65
26	0.50	0.52	0.54	0.56	0.58	0.60
28	0.46	0.48	0.50	0.52	0.54	0.56

4. 计算截面

对于砖墙与组合砌体一同砌筑的 T 形截面
构件（图 5-4a），其共同受压的性能和承载力
有待进一步研究，为偏于安全，其受压承载力
按矩形截面组合砌体构件（图 5-4b）计算。但
构件的高厚比仍按 T 形截面确定，截面的翼缘
宽度 b_f 按第 3 章第第二节的规定采用。

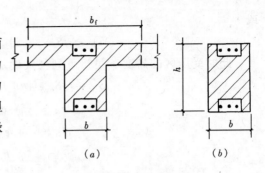

图 5-4　T 形截面构件

二、轴心受压承载力计算

组合砖砌体构件轴心受压（图 5-5）承载
力，应按下式计算：

$$N \leqslant \varphi_{com}(fA + f_c A_c + \eta_s f'_y A'_s) \tag{5-8}$$

式中　φ_{com}——组合砖砌体构件的稳定系数，可按表 5-2 采用；

　　　A——砖砌体的截面面积；

　　　f_c——混凝土或面层砂浆的轴心抗压强度设计值，砂浆的轴心抗压强度设计值可
　　　　　取为同强度等级混凝土的轴心抗压强度设计值的 70%，当砂浆为 M15 时，
　　　　　取 5.2MPa；当砂浆为 M10 时，取 3.5MPa；当砂浆为 M7.5 时，取 2.6MPa；

　　　A_c——混凝土或砂浆面层的截面面积；

　　　η_s——受压钢筋的强度系数，当为混凝土面层时，可取 1.0，当为砂浆面层时可
　　　　　取 0.9；

　　　f'_y——钢筋的抗压强度设计值；

　　　A'_s——受压钢筋的截面面积。

当出现表 2-9 所列情况时，亦仅对式中 f 值乘调整系数 γ_a。

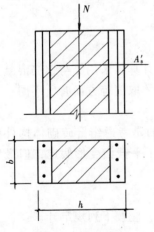

图 5-5　组合砖砌体
构件轴心受压

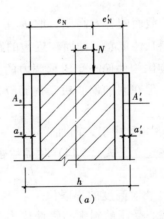

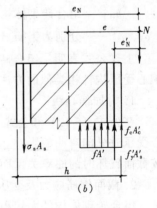

图 5-6　组合砖砌体构件偏心受压
（a）小偏心受压；（b）大偏心受压

三、偏心受压承载力计算

组合砖砌体构件偏心受压（图 5-6）的承载力，应按下列公式计算：

$$N \leqslant fA' + f_c A'_c + \eta_s f'_y A'_s - \sigma_s A_s \tag{5-9}$$

或

$$Ne_N \leqslant fS_s + f_c S_{c,s} + \eta_s f'_y A'_s (h_0 - a'_s) \qquad (5\text{-}10)$$

此时受压区的高度 x 可按下列公式确定：

$$fS_N + f_c S_{c,N} + \eta_s f'_y A'_s e'_N - \sigma_s A_s e_N = 0 \qquad (5\text{-}11)$$

$$e_N = e + e_a + (h/2 - a_s) \qquad (5\text{-}12)$$

$$e'_N = e + e_a - (h/2 - a'_s) \qquad (5\text{-}13)$$

$$e_a = \frac{\beta^2 h}{2200}(1 - 0.022\beta) \qquad (5\text{-}14)$$

式中　σ_s——钢筋 A_s 的应力；

f'_y　——钢筋的抗压强度设计值；

A_s——距轴向力 N 较远侧钢筋的截面面积；

A'——砖砌体受压部分的面积；

A'_c——混凝土或砂浆面层受压部分的面积；

S_s——砖砌体受压部分的面积对钢筋 A_s 重心的面积矩；

$S_{c,s}$——混凝土或砂浆面层受压部分的面积对钢筋 A_s 重心的面积矩；

S_N——砖砌体受压部分的面积对轴向力 N 作用点的面积矩；

$S_{c,N}$——混凝土或砂浆面层受压部分的面积对轴向力 N 作用点的面积矩；

e_N、e'_N——分别为钢筋 A_s 和 A'_s 重心至轴向力 N 作用点的距离（图 5-6）；

e——轴向力的初始偏心距，按荷载设计值计算，当 e 小于 $0.05h$ 时，应取 e 等于 $0.05h$；

e_a——组合砖砌体构件在轴向力作用下的附加偏心距；

β——构件高厚比，按偏心方向的边长计算；

h——构件截面高度；

h_0——组合砖砌体构件截面的有效高度，取 $h_0 = h - a_s$；

a_s、a'_s——分别为钢筋 A_s 和 A'_s 重心至截面较近边的距离。

上述公式表明：组合砖砌体构件偏心受压承载力的分析与计算，采用了与钢筋混凝土偏心受压构件相类似的方法，但在附加偏心距、钢筋应力的具体取值等方面有所不同。

1. 附加偏心距

在公式（5-12）和公式（5-13）中引入附加偏心距 e_a，目的是考虑组合砖砌体构件偏心受压时纵向弯曲的影响。在建立公式（5-14）时虽然也采用了平截面变形假定，但最后按截面破坏时的曲率关系而得。

2. 截面钢筋应力及受压区相对高度的界限值

组合砖砌体构件大、小偏心受压的判别与钢筋应力的取值，应按下列规定计算：

（1）距轴向力 N 较近侧钢筋（A'_s）受压并屈服，取 f'_y。

（2）当 $\xi \leqslant \xi_b$，属大偏心受压，距轴向力 N 较远侧钢筋（A_s）受拉并屈服，取

$$\sigma_s = f_y \qquad (5\text{-}15)$$

式中　f_y——钢筋的抗拉强度设计值。

（3）当 $\xi > \xi_b$，属小偏心受压，距轴向力 N 较远侧钢筋（A_s）的应力随受压区的不同

而变化，需按下式计算（正值为拉应力，负值为压应力）

$$\sigma_s = 650 - 800\xi \qquad (5\text{-}16)$$

$$-f'_y \leq \sigma_s \leq f_y \qquad (5\text{-}17)$$

$$\xi = \frac{x}{h_0} \qquad (5\text{-}18)$$

式中　ξ——组合砖砌体构件截面的相对受压区高度；

x——组合砖砌体构件截面的受压区高度。

按公式（5-16），取 $\sigma_s = f_y$，可得组合砖砌体构件截面受压区相对高度的界限值 ξ_b：

采用 HPB235 级钢筋，$\xi_b = 0.55$；

采用 HRB335 级钢筋，$\xi_b = 0.425$。

3. 初始偏心距的下限值

这是为了解决组合砖砌体构件在轴向力的初始偏心距 e 很小时承载力的计算。当 $e = 0.05h$ 时，按轴心受压与按偏心受压计算的承载力很接近。但当 $0 \leq e < 0.05h$ 时，按轴心受压计算的承载力略低于按偏心受压计算的承载力，这显然是不合理的。故规定当 $e < 0.05h$ 时，取下限值 $e = 0.05h$，并按偏心受压计算承载力，避免了上述矛盾的出现。

4. 公式（5-11）中的正、负号

计算时公式（5-11）中各项的正、负号按图 5-6（a）确定，即各分力对轴向力 N 作用点取矩，以顺时针者为正，反之为负。

【例题 5-2】　某混凝土面层组合砖柱，柱计算高度 7.6m，截面尺寸如图 5-7（a）所示；砌体采用烧结页岩砖 MU15 和水泥混合砂浆 M10 砌筑，面层混凝土为 C20，施工质量控制等级为 B 级；作用的轴向力 $N = 460.0$kN，沿截面长边方向的弯矩 $M = 230.0$kN·m。试按对称配筋选择该柱截面钢筋。

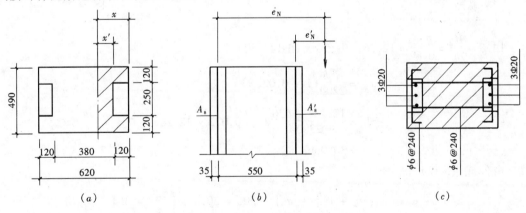

图 5-7　［例题 5-2］混凝土面层组合砖柱

【解】　1. 验算高厚比

$$\beta = \frac{H_0}{h} = \frac{7.6}{0.49} = 15.5 < 1.2 \times 17 = 20.4，\text{符合要求。}$$

2. 材料强度

组合砖柱的砌体截面面积为：

$0.49 \times 0.62 - 2 \times 0.12 \times 0.25 = 0.2438\text{m}^2 > 0.2\text{m}^2$

由表 2-9 和表 2-2，$\gamma_a = 1.0$，$f = 2.31\text{MPa}$。

$f_c = 9.6\text{N/mm}^2$；选用 HRB335 级钢筋，$f_y = f'_y = 300\text{N/mm}^2$。

3. 判别大、小偏心受压

$e = \dfrac{M}{N} = \dfrac{230.0}{460.0} = 0.5\text{m} = 500\text{mm}$，先假定为大偏心受压。因采用对称配筋，则由公式 (5-9) 得

$$N = fA' + f_c A'_c$$

设受压区高度为 x，且为了方便计算令 $x' = x - 120$，得

$$460 \times 10^3 = 2.31(2 \times 120 \times 120 + 490x') + 9.6 \times 250 \times 120$$

$$x' = \frac{45658.9}{490} = 93.18\text{mm}$$

得

$$x = 93.18 + 120 = 213.18\text{mm}$$

$$\xi = \frac{x}{h_0} = \frac{213.18}{620 - 35} = 0.364 < 0.425$$

故属大偏心受压。

4. 参数计算

$$S_s = 2 \times 120 \times 120\left(620 - 35 - \frac{120}{2}\right) + 490(213.18 - 120)\left(620 - 35 - 120 - \frac{93.18}{2}\right)$$

$$= (15.12 + 19.10) \times 10^6$$

$$= 34.22 \times 10^6\text{mm}^3$$

$$S_{c,s} = 250 \times 120\left(620 - 35 - \frac{120}{2}\right)$$

$$= 250 \times 120 \times 525$$

$$= 15.75 \times 10^6\text{mm}^3$$

因 $\beta = \dfrac{H_0}{h} = \dfrac{7.6}{0.62} = 12.26$，由公式 (5-14) 得

$$e_a = \frac{\beta^2 h}{2200}(1 - 0.022\beta)$$

$$= \frac{12.26^2 \times 620}{2200}(1 - 0.022 \times 12.26)$$

$$= 30.9\text{mm}$$

由公式 (5-12) 得

$$e_N = e + e_a + \left(\frac{h}{2} - a_s\right) = 500 + 30.9 + \left(\frac{620}{2} - 35\right)$$

$$= 805.9\text{mm}$$

5. 选择钢筋

按公式 (5-10)，

$$460 \times 10^3 \times 805.9 = 2.31 \times 34.22 \times 10^6 + 9.6 \times 15.75 \times 10^6 + 1.0 \times 300(583 - 35)A'_s$$

解得

$$A'_s = \frac{140465800}{165000} = 851.3\text{mm}^2。$$

选用 3 Φ 20（$A'_s = 942\text{mm}^2$）。

每侧竖向钢筋的配筋率 $\rho = \dfrac{942}{490 \times 620} = 0.31\% > 0.2\%$。

组合砖柱的截面配筋如图 5-7（c）所示。

第三节　砖砌体和钢筋混凝土构造柱组合墙的受压承载力

在砖墙的转角、交接处以及沿墙长每隔一定的距离设置钢筋混凝土构造柱形成的组合砖墙，属集中配筋砌体构件。它虽与上述设置钢筋混凝土面层的组合砖砌体构件划为同一类的配筋砌体构件，但它们的受力性能有较大的差异。现只建立了组合砖墙轴心受压承载力的计算方法，其偏心受压的性能与承载力的分析，有待进一步研究。

图 5-8　组合砖墙轴心受压破坏

一、受压性能

组合砖墙（如图 5-8 所示）在顶部均匀轴心压力作用下，经历弹性、弹塑性和破坏三个工作阶段。

1. 第一阶段

自加压至产生第一条或第一批裂缝，组合砖墙处于弹性受力阶段，其压力约为破坏压力的40%。由于构造柱参与受力，砌体内竖向压应力的分布不均匀，构造柱之间中部砌体的压应力大，靠近构造柱两侧砌体的压应力小。

2. 第二阶段

随着压力的增加，上圈梁与构造柱连接的附近、上圈梁的跨中部位以及构造柱之间中部砌体产生较多竖向裂缝，裂缝走向大多指向构造柱柱脚。中部构造柱基本处于均匀受压，边构造柱处于小偏心受压。由于构造柱与圈梁形成的约束作用，这一阶段裂缝发展缓慢，经历的时间较长，组合砖墙处于弹塑性受力阶段，施加的压力可达破坏压力的70%~90%。

3. 第三阶段

压力进一步增大，砌体内裂缝贯通，有的砖被压碎，与此同时有的裂缝穿过构造柱，构造柱内钢筋压屈，混凝土被压碎、剥落，组合砖墙完全破坏。其破坏形态如图5-8所示。

组合砖墙不同于一般的构造柱砖墙，其构造柱间距减小，数量增多。组合砖墙的内力重分布、构造柱直接分担作用于墙体上的压力以及构造柱与圈梁形成的"弱框架"的约束等作用均增强，使得组合砖墙具有良好的整体受力性能，且提高了墙体的受压承载力。理论分析亦表明：在影响组合砖墙受压承载力的诸多因素中，构造柱间距的影响最为显著，随着构造柱间距的减小，其承载力明显增加，构造柱间距为2m左右时，构造柱的作用得到充分发挥。其间距大于4m后，组合砖墙受压承载力提高的幅度很小，此时与一般的构造柱砖墙没有两样。

二、轴心受压承载力计算

组合砖墙（图5-9）的轴心受压承载力，应按下列公式计算

$$N \leqslant \varphi_{\mathrm{com}}[fA_{\mathrm{n}} + \eta(f_{c}A_{c} + f'_{y}A'_{s})] \tag{5-19}$$

$$\eta = \left[\dfrac{1}{\dfrac{l}{b_{c}} - 3}\right]^{\frac{1}{4}} \tag{5-20}$$

式中　φ_{com}——组合砖墙的稳定系数，按表5-2采用；

　　　η——强度系数，当 $l/b_{c} < 4$ 时取 $l/b_{c} = 4$；

　　　l——沿墙长方向构造柱的间距；

　　　b_{c}——沿墙长方向构造柱的宽度；

　　　A_{n}——砖砌体的净截面面积；

　　　A_{c}——构造柱的截面面积。

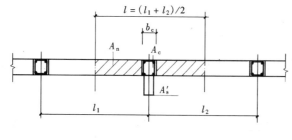

图5-9　组合砖墙计算单元的截面

对比公式（5-19）和公式（5-8）可知：上述两种组合砌体构件轴心受压承载力的计算模式相同，但为了反映组合砖墙的受力性能而引入强度系数 η。计算表明：构造柱间距小于1m时，二者的承载力很接近。在公式（5-20）中当 $l/b_{c} < 4$ 时取 $l/b_{c} = 4$，又使得公式（5-19）与公式（5-8）相衔接。

组合砖墙可用作一般多层房屋中承受均匀轴心压力的墙体。由于公式（5-19）和公式（5-20）是在构造柱水平的基础上建立的，即构造柱的截面尺寸、混凝土强度等级以及竖向受力钢筋的级别、直径和根数是按一般要求选择的，因此当组合砖墙的轴心受压承载力低于设计要求的承载力较多时，适宜的方法是减小构造柱的间距，而不应将构造柱的截面选择得过大。

【例题 5-3】　某房屋横墙，墙厚 240mm，计算高度为 3.6m，作用轴心压力 $N = 440kN/m$。采用烧结粉煤灰砖 MU15 和水泥混合砂浆 M5 砌筑，施工质量控制等级为 B 级。试按砖砌体和钢筋混凝土构造柱组合墙进行设计。

【解】　1. 选择构造柱

设钢筋混凝土构造柱间距为 3.0m，截面尺寸为 240mm × 240mm，混凝土 C20（$f_c = 9.6N/mm^2$），竖向钢筋 $4\phi12$（$f_y' = 210N/mm^2$，$A_s' = 452.4mm^2$）。

由表 2-2，$f = 1.83MPa$。

2. 验算受压承载力

由公式（5-20），$\dfrac{l}{b_c} = \dfrac{3}{0.24} = 12.5 > 4$

$$\eta = \left[\frac{1}{\dfrac{l}{b_c} - 3}\right]^{\frac{1}{4}} = \left(\frac{1}{12.5 - 3}\right)^{\frac{1}{4}} = 0.57$$

$$\beta = \frac{H_0}{h} = \frac{3.6}{0.24} = 15 < \gamma_c[\beta] = \left(1 + \gamma\frac{b_c}{l}\right)[\beta]$$

$$= \left(1 + 1.5\frac{0.24}{3}\right) \times 24 = 1.12 \times 24 = 26.9$$

因该组合砖墙配筋率很低，取 $\varphi_{com} = \varphi = 0.75$。

按公式（5-19），

$$\varphi_{com}[fA_n + \eta(f_cA_c + f_y'A_s')]$$

$$= 0.75[1.83(3000 - 240) \times 240 + 0.57(9.6 \times 240 \times 240 + 210 \times 452.4] \times 10^{-3}$$

$$= 0.75(1212.2 + 369.3)$$

$$= 1186.1kN < 3 \times 440 = 1320kN$$

承载力不满足要求。

3. 改设构造柱间距为 2.0m

$$\frac{l}{b_c} = \frac{2}{0.24} = 8.3 > 4$$

$$\eta = \left(\frac{1}{8.3 - 3}\right)^{\frac{1}{4}} = 0.659$$

按公式（5-19），

$$\varphi_{com}[fA_n + \eta(f_cA_c + f_y'A_s')]$$

$$= 0.75[1.83(2000 - 240) \times 240 + 0.659(9.6 \times 240 \times 240 + 210 \times 452.4)] \times 10^{-3}$$

$$= 0.75(773.0 + 427.0)$$

$$= 900kN > 2 \times 440 = 880kN$$

上述混凝土构造柱间距改为 2.0m 后，该组合墙的承载力满足要求。

第四节　配筋混凝土砌块砌体剪力墙的承载力

在混凝土小型空心砌块砌体的孔洞内配置竖向钢筋和水平钢筋，并用灌孔混凝土灌实的砌体承重构件，称为配筋混凝土砌块砌体构件，对于承受竖向和水平作用的墙体，又称为配筋混凝土砌块砌体剪力墙。按钢筋设置的部位，它属均匀配筋砌体构件。

国外尤其是美国等国已较长时间推广和使用配筋混凝土砌块砌体剪力墙。近几年来，借鉴国外的方法和实践经验，并在总结国内研究成果的基础上，建立了具有我国特点的配筋混凝土砌块砌体剪力墙的设计和计算方法。

配筋混凝土砌块砌体剪力墙的受力和变形性能与钢筋混凝土剪力墙的相近，它是中高层住宅、商住楼、旅馆、办公楼、医院等建筑中具有竞争力的一种结构体系，对推进我国墙体材料的革新起着重要作用。

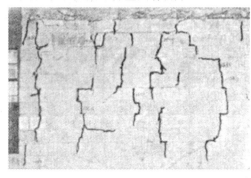

图 5-10 配筋混凝土砌块
砌体墙轴心受压破坏形态

一、剪力墙正截面受压承载力

（一）轴心受压

1. 轴心受压性能

配筋混凝土砌块砌体墙在轴心压力作用下，经历裂缝出现、裂缝发展及最终破坏三个受力阶段。与无筋砌体的破坏特征相比较，由于竖向钢筋受压、竖向和水平钢筋的约束作用，墙体内竖向裂缝分布较均匀，在水平钢筋处裂缝往往不贯通，裂缝密而细、发展缓慢；不仅使其强度有很大程度的提高，破坏时即使有的砌块被压碎，墙体仍保持良好的整体性。

其破坏形态如图 5-10 所示。

根据混凝土砌块灌孔砌体的受压应力-应变关系和公式（2-15）的方法，灌孔砌体轴心受压构件的稳定系数为：

$$\varphi_{0g} = \cfrac{1}{1 + \cfrac{1}{400\sqrt{f_{g,m}}}\beta^2}$$

经简化并偏于安全，采用下式计算：

$$\varphi_{0g} = \frac{1}{1 + 0.001\beta^2} \tag{5-21}$$

式中　β——构件的高厚比。

2. 轴心受压承载力计算

配有箍筋或水平分布钢筋的配筋混凝土砌块砌体剪力墙、柱，其轴心受压承载力，应按下式计算：

$$N \leqslant \varphi_{0g}(f_g A + 0.8f'_y A'_s) \tag{5-22}$$

式中　N——轴向力设计值；

　　　f_g——灌孔砌体的抗压强度设计值，应按公式（2-6）计算；

　　　f'_y——钢筋的抗压强度设计值；

　　　A——构件的毛截面面积；

　　　A'_s——全部竖向钢筋的截面面积；

　　　φ_{0g}——轴心受压构件的稳定系数，应按公式（5-21）计算。

未配置箍筋或水平分布钢筋的剪力墙、柱，其轴心受压承载力仍按公式（5-22）计算，但为偏于安全，不考虑竖向钢筋的作用，即应取 $f_y' A_s' = 0$。

(二) 偏心受压

1. 基本假定

配筋混凝土砌块砌体构件的正截面承载力，按下列基本假定进行计算：

(1) 截面应变保持平面；

(2) 竖向钢筋与其毗邻的砌体、灌孔混凝土的应变相同；

(3) 不考虑砌体、灌孔混凝土的抗拉强度；

(4) 根据材料选择砌体、灌孔混凝土的极限压应变，且不应大于 0.003；

(5) 根据材料选择钢筋的极限拉应变，且不应大于 0.01。

可以看出，上述假定与在钢筋混凝土结构中采用的基本假定是类同的。

2. 受力性能

配筋混凝土砌块砌体剪力墙墙肢中的配筋如图 5-11 所示，图中 A_s、A_s' 分别称为竖向受拉和受压主筋，它位于由箍筋或水平分布钢筋拉结约束的边缘构件（暗柱）内，A_{si} 为竖向分布钢筋，A_{sh} 为水平分布钢筋。

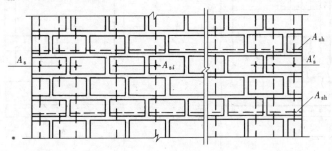

图 5-11　墙肢配筋

试验结果表明，配筋混凝土砌块砌体墙肢在偏心受压时的受力性能和破坏形态与一般的钢筋混凝土偏心受压构件的类似。

大偏心受压时，截面部分受压、部分受拉。受拉区砌体较早地出现水平裂缝，受拉主筋（A_s）的应力增长较快，首先达到屈服。随着水平裂缝的开展，受压区高度减小，最后受压主筋（A_s'）屈服，受压区砌块砌体达到极限抗压强度而压碎。其破坏形态如图 5-12 所示。破坏时竖向分布钢筋在中和轴附近应力较小，距中和轴较远处的竖向受拉钢筋亦可达屈服。

小偏心受压时，截面部分受压，部分受拉，亦可能全截面受压。破坏时受压主筋（A_s'）屈服，受压区砌块砌体达到极限抗压强度而压碎，而另一侧的主筋无论受拉或受压，均达不到屈服强度，且竖向分布钢筋的应力较小。

上述两类偏心受压破坏的界限，可按下式计算：

$$\xi_b = 0.8 \frac{\varepsilon_{mc}}{\varepsilon_{mc} + \varepsilon_s} \tag{5-23}$$

式中　ξ_b——界限相对受压区高度；

图 5-12　墙肢大偏心
受压破坏形态

ε_{mc}——砌块砌体的极限压应变，可取 0.003；

ε_s——钢筋的屈服拉应变，$\varepsilon_s = f_y / E_s$。

因而，对于矩形截面的配筋砌块砌体剪力墙，

当 $x \leqslant \xi_b h_0$ 时，为大偏心受压；

当 $x > \xi_b h_0$ 时，为小偏心受压。

式中 x 为截面受压区高度；h_0 为截面有效高度；配置 HPB235 级钢筋 $\xi_b = 0.60$，配置 HRB335 级钢筋 $\xi_b = 0.53$。

3. 矩形截面配筋混凝土砌块砌体剪力墙大偏心受压正截面承载力计算

按图 5-13（a），取轴力和对受拉主筋合力中心取矩的平衡，矩形截面配筋混凝土砌块砌体剪力墙，大偏心受压时正截面受压承载力，应按下列公式计算：

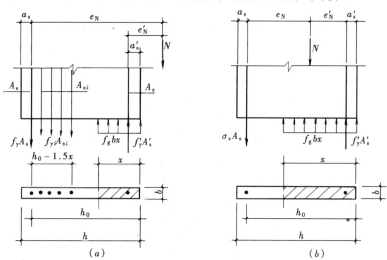

图 5-13 配筋混凝土砌块砌体剪力墙偏心受压

（a）大偏心受压；（b）小偏心受压

$$N \leqslant f_g bx + f'_y A'_s - f_y A_s - \Sigma f_{yi} A_{si} \qquad (5\text{-}24)$$

$$Ne_N \leqslant f_g bx(h_0 - x/2) + f'_y A'_s(h_0 - a'_s) - \Sigma f_{yi} S_{si} \qquad (5\text{-}25)$$

式中　N——轴向力设计值；

f_g——灌孔砌体的抗压强度设计值；

f_y、f'_y——竖向受拉、受压主筋的强度设计值；

b——截面宽度；

f_{yi}——竖向分布钢筋的抗拉强度设计值；

A_s、A'_s——竖向受拉、受压主筋的截面面积；

A_{si}——单根竖向分布钢筋的截面面积；

S_{si}——第 i 根竖向分布钢筋对竖向受拉主筋的面积矩；

e_N——轴向力作用点到竖向受拉主筋合力点之间的距离，可按公式（5-12）及其相应的规定计算；

h_0——截面有效高度，$h_0 = h - a'_s$；

h——截面高度；

a'_s——受压主筋合力点至截面较近边的距离。

上列公式表明，它采用了与钢筋混凝土剪力墙相同的计算模式，但以 f_g 代替 f_c（混凝土轴心抗压强度设计值）。对于竖向分布钢筋，它位于中和轴附近（$1.5x$ 范围内）的钢筋应力很小，故只计入 $h_0 - 1.5x$ 范围内的钢筋受拉。

工程上常采用对称配筋截面，即 $A'_s = A_s$，$f'_y = f_y$ 且 $a_s = a'_s$。现取竖向分布钢筋的配筋率为 ρ_w，则 $\Sigma f_{yi} A_{si} = f_{yw} \rho_w (h_0 - 1.5x) b$，代入公式（5-24），得

$$x = \frac{N + f_{yw} \rho_w b h_0}{(f_g + 1.5 f_{yw} \rho_w) b} \tag{5-26}$$

再代入公式（5-25），得受拉、受压主筋面积为：

$$A'_s = A_s = \frac{N e_N - f_g b x \left(h_0 - \dfrac{x}{2}\right) + 0.5 f_{yw} \rho_w b (h_0 - 1.5x)^2}{f'_y (h_0 - a'_s)} \tag{5-27}$$

式中　f_{yw}——竖向分布钢筋的抗拉强度设计值。

如忽略上式中 x^2 项的影响，可近似取

$$A'_s = A_s = \frac{N e_N - f_g b x h_0 + 0.5 f_{yw} \rho_w b (h_0^2 - 3x h_0)}{f'_y (h_0 - a'_s)} \tag{5-28}$$

上述计算中，如出现 $x < 2a'_s$ 的情况，则应改按下式计算；

$$N e'_N \leqslant f_g A_s (h_0 - a_s) \tag{5-29}$$

式中　e'_N——轴向力作用点至竖向受压主筋合力点之间的距离，可按公式（5-13）及其相应的规定计算；

　　　a_s——受拉主筋合力点至截面较近边的距离。

4. 矩形截面配筋混凝土砌块砌体剪力墙小偏心受压正截面承载力计算

按图 5-13（b）取平衡条件，矩形截面配筋混凝土砌块砌体剪力墙，小偏心受压时正截面受压承载力，应按下列公式计算：

$$N \leqslant f_g b x + f'_y A'_s - \sigma_s A_s \tag{5-30}$$

$$N e_N \leqslant f_g b x (h_0 - x/2) + f'_y A'_s (h_0 - a'_s) \tag{5-31}$$

$$\sigma_s = \frac{f_y}{\xi_b - 0.8} \left(\frac{x}{h_0} - 0.8\right) \tag{5-32}$$

由于截面受压区大，竖向分布钢筋的应力小，上述公式中未计入该钢筋的作用。当受压区竖向受压主筋无箍筋或无水平钢筋约束时，还不考虑受压主筋的作用，即计算时取 $f'_y A'_s = 0$。

矩形截面对称配筋砌块砌体剪力墙小偏心受压时，可近似按下式计算：

$$\xi = \frac{x}{h_0} = \frac{N - \xi_b f_g b h_0}{\dfrac{N e_N - 0.43 f_g b h_0^2}{(0.8 - \xi_b)(h_0 - a'_s)} + f_g b h_0} + \xi_b \tag{5-33}$$

$$A_s = A'_s = \frac{N e_N - \xi (1 - 0.5\xi) f_g b h_0^2}{f'_y (h_0 - a'_s)} \tag{5-34}$$

5．垂直于弯矩作用平面的受压承载力计算

以上所述为弯矩作用平面的偏心受压承载力计算。对于矩形截面小偏心受压的剪力墙，还应对垂直于弯矩作用平面按轴心受压构件进行验算，即按公式（5-22）计算。

如剪力墙在垂直于弯矩作用平面为偏心受压，由于竖向钢筋通常仅配置在墙厚的中部，其承载力按公式（2-19）计算，但应采用灌孔砌块砌体的抗压强度设计值，即

$$N \leqslant \varphi f_g A \tag{5-35}$$

二、剪力墙斜截面受剪承载力

图 5-14　墙肢剪压破坏形态

（一）受力性能

影响配筋混凝土砌块砌体剪力墙受剪破坏形态和抗剪承载力的主要因素是材料强度、竖向压应力、墙体的剪跨比与水平钢筋的配筋率。在剪-压作用下，这种墙体与钢筋混凝土剪力墙类同亦有剪拉、剪压和斜压三种破坏形态。图 5-14 为剪跨比等于 0.82 的配筋混凝土砌块砌体剪力墙的破坏形态。它在恒定的竖向压力作用下，随剪力的增加，墙体最初处于弹性阶段，随后墙体底部出现水平裂缝，墙体内产生细小的斜裂缝；斜裂缝出现后，与斜裂缝相交的水平钢筋的拉应力突然增加，墙体产生明显的内力重分布；剪力进一步增加时，墙内斜裂缝增多并产生一条主要斜裂缝，墙体破坏。在反复水平剪力作用下，墙体内出现交叉斜裂缝。破坏时斜裂缝处的水平钢筋达到屈服强度。且墙体仍裂而不倒，具有较好的整体性。这是剪力墙常见的剪压破坏形态。

（二）配筋混凝土砌块砌体剪力墙斜截面受剪承载力计算

矩形截面配筋混凝土砌块砌体剪力墙的斜截面受剪承载力，应按下述方法进行计算：

1．剪力墙的截面

为确保墙体不产生斜压破坏，剪力墙要有足够的截面，即

$$V \leqslant 0.25 f_g b h \tag{5-36}$$

式中　V——剪力墙的剪力设计值；

　　　b——剪力墙的截面宽度；

　　　h——剪力墙的截面高度。

2．偏心受压时的斜截面受剪承载力

剪力墙在偏心受压时的斜截面受剪承载力应按下列公式计算：

$$V \leqslant \frac{1}{\lambda - 0.5}\left(0.6 f_{vg} b h_0 + 0.12 N\right) + 0.9 f_{yh} \frac{A_{sh}}{s} h_0 \tag{5-37}$$

$$\lambda = \frac{M}{V h_0} \tag{5-38}$$

式中　M、N、V——计算截面的弯矩、轴向力和剪力设计值，当 $N > 0.25 f_g b h$ 时取 $N = 0.25 f_g b h$；

　　　λ——计算截面的剪跨比，当 λ 小于 1.5 时取 1.5，当 λ 大于等于 2.2 时取 2.2；

f_{vg}——灌孔砌体抗剪强度设计值，应按公式（2-8）计算；

h_0——剪力墙截面的有效高度；

f_{yh}——水平钢筋的抗拉强度设计值；

A_{sh}——配置在同一截面内的水平分布钢筋的全部截面面积；

s——水平分布钢筋的竖向间距。

3. 偏心受拉时的斜截面受剪承载力

剪力墙在偏心受拉时的斜截面受剪承载力，应按下式计算：

$$V \leqslant \frac{1}{\lambda - 0.5}(0.6f_{\mathrm{vg}}bh_0 - 0.22N) + 0.9f_{\mathrm{yh}}\frac{A_{\mathrm{sh}}}{s}h_0 \tag{5-39}$$

上述公式表明，配筋混凝土砌块砌体剪力墙斜截面受剪承载力计算公式的模式与钢筋混凝土剪力墙的相同，只是由于这种剪力墙的特性，其中砌体项的影响以 f_{vg} 而不是以 f_{t} 表达，且水平钢筋强度的发挥略低。

三、连梁的承载力

配筋混凝土砌块砌体剪力墙中，可以采用配筋混凝土砌块砌体连梁，亦可采用钢筋混凝土连梁。它们的受力性能类同，且配筋混凝土砌块砌体连梁承载力计算公式的模式和方法与钢筋混凝土连梁的相同。

【例题 5-4】 某高层公寓采用配筋混凝土砌块砌体剪力墙，墙高 3.6m，其中一墙肢截面尺寸为 190mm×4800mm，采用混凝土砌块 MU20（砌块孔洞率 45%）、水泥混合砂浆 Mb15 砌筑和 Cb30 混凝土灌孔，墙体配筋如图 5-15 所示，施工质量控制等级为 A 级。作用于墙肢的内力 $N = 2000\mathrm{kN}$，$M = 1900\mathrm{kN \cdot m}$，$V = 500\mathrm{kN}$。试核算该墙肢的承载力。

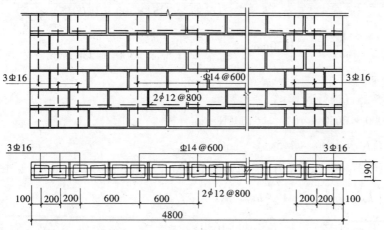

图 5-15 ［例题 5-4］墙肢配筋

【解】 1. 强度取值

该房屋剪力墙的施工质量控制等级为 A 级，但计算中仍采用施工质量控制等级为 B 级的强度指标，以提高该结构体系的可靠度。

查表 2-4，$f = 5.68\mathrm{MPa}$。

Cb30 混凝土，$f_{\mathrm{c}} = 14.3\mathrm{N/mm^2}$。

HRB335 级钢筋，$f_{\mathrm{y}} = f'_{\mathrm{y}} = 300\mathrm{N/mm^2}$。

灌孔率 $\rho = 33\%$（竖向分布钢筋间距为 600mm），由公式（2-7），$\alpha = \delta\rho = 0.45 \times 0.33 = 0.15$。

由公式（2-6），

$$f_g = f + 0.6\alpha f_c = 5.68 + 0.6 \times 0.15 \times 14.3 = 6.97\text{MPa} < 2f$$

由图 5-15，剪力墙端部设置 3Φ16 竖向受力主筋，配筋率为 0.53%；竖向分布钢筋为Φ14@600，配筋率为 0.135%；水平分布钢筋为 2φ12@800，配筋率为 0.15%。本墙肢的配筋满足构造要求。

2. 偏心受压时正截面承载力验算

轴向力的初始偏心距

$$e = \frac{M}{N} = \frac{1900 \times 10^3}{2000} = 950\text{mm}$$

$\beta = \dfrac{H_0}{h} = \dfrac{3.6}{4.8} = 0.75$，此值很小，由公式（5-14）可忽略不计 e_a。

由公式（5-12），

$$e_N = e + \left(\frac{h}{2} - a_s\right) = 950 + \left(\frac{4800}{2} - 300\right) = 3050\text{mm}$$

$$\rho_w = \frac{153.9}{190 \times 600} = 0.135\%$$

$$h_0 = 4800 - 300 = 4500\text{mm}$$

因采用对称配筋，由公式（5-26），

$$x = \frac{N + f_{yw}\rho_w b h_0}{(f_g + 1.5 f_{yw}\rho_w)b} = \frac{2000 \times 10^3 + 300 \times 0.00135 \times 190 \times 4500}{(6.97 + 1.5 \times 300 \times 0.0015) \times 190}$$

$$= \frac{2346275}{1439.7} = 1630\text{mm} \quad \begin{array}{l} > 2a'_s = 2 \times 300 = 600\text{mm} \\ < \xi_b h_0 = 0.53 \times 4500 = 2385\text{mm} \end{array}$$

属大偏心受压。

按公式（5-25）进行验算：

$Ne_N = 2000 \times 3050 \times 10^{-3} = 6100\text{kN} \cdot \text{m}$

$\Sigma f_{yi} S_{si} = 0.5 f_{yw}\rho_w b (h_0 - 1.5x)^2$

$$= \left[(0.5 \times 300 \times 0.00135 \times 190 \times (4500 - 1.5 \times 1630)^2\right] \times 10^{-6} = 162.5\text{kN} \cdot \text{m}$$

$f_g b x \left(h_0 - \dfrac{x}{2}\right) + f'_y A'_s (h_0 - a_s) - \Sigma f_{yi} S_{si}$

$$= \left[6.97 \times 190 \times 1630\left(4500 - \frac{1630}{2}\right) + 300 \times 603(4500 - 300)\right] \times 10^{-6} - 162.5$$

$= 7954.5 + 759.8 - 162.5 = 8551.8\text{kN} \cdot \text{m} > 6100\text{kN} \cdot \text{m}$，满足要求。

3. 偏心受压时斜截面受剪承载力验算

按公式（5-36），

$0.25 f_g b h = 0.25 \times 6.97 \times 190 \times 4800 \times 10^{-3} = 1589.2\text{kN} > 500\text{kN}$，墙肢截面符合要求。

由公式（5-38），

$$\lambda = \frac{M}{V h_0} = \frac{1900 \times 10^3}{500 \times 4500} = 0.84 < 1.5, \text{取} \lambda = 1.5$$

$$0.25f_\mathrm{g}bh = 1589.2\mathrm{kN} < 2000.0\mathrm{kN},取\ N = 1589.2\mathrm{kN}$$

由公式（2-8），

$$f_\mathrm{vg} = 0.2f_\mathrm{g}^{0.55} = 0.2 \times 6.97^{0.55} = 0.58\mathrm{MPa}$$

按公式（5-37），

$$\frac{1}{\lambda - 0.5}(0.6f_\mathrm{vg}bh_0 + 0.12N) + 0.9f_\mathrm{yh}\frac{A_\mathrm{sh}}{s}h_0$$

$$= \left[0.6 \times 0.58 \times 190 \times 4500 + 0.12 \times 1589.2 \times 10^{-3} + 0.9 \times 210 \times \frac{2 \times 113.1}{800} \times 4500\right] \times 10^{-3}$$

$$= 297.5 + 190.7 + 240.5 = 728.7\mathrm{kN} > 500.0\mathrm{kN},满足要求。$$

第五节 配筋砖砌体结构的构造要求

一、网状配筋砖砌体构件

网状配筋砖砌体构件的构造要求与钢筋网片密切相关，主要是对钢筋网的规格、配筋率的要求，以及如何保证它在砂浆层中的粘结。具体有下列几点：

（1）网状钢筋的直径宜采用 3 ~ 4mm，连弯钢筋的直径不应大于 8mm；钢筋网中钢筋的间距不应小于 30mm，并不应大于 120mm；钢筋网的竖向间距不应大于五皮砖，并不应大于 400mm。

（2）网状配筋砖砌体中的体积配筋率不应小于 0.1%，并不应大于 1%。

（3）砂浆强度等级不应低于 M7.5；水平灰缝厚度不应小于 8mm，亦不应大于 12mm，并应保证钢筋上、下至少各有 2mm 厚的砂浆层。

二、砖砌体和钢筋混凝土面层或钢筋砂浆面层的组合砌体构件

为了确保砖砌体和钢筋混凝土面层或钢筋砂浆面层的整体性和共同受力性能，应选择适当的面层材料、厚度和配筋率，并采取必要的拉结与锚固措施。

（1）面层混凝土强度等级宜采用 C20，面层水泥砂浆强度等级不宜低于 M10，砌筑砂浆的强度等级不宜低于 M7.5。当面层厚度大于 45mm 时，宜采用混凝土面层；砂浆面层的厚度，可采用 30 ~ 45mm。

（2）竖向受力钢筋宜采用 HPB235 级钢筋，对于混凝土面层，亦可采用 HRB335 级钢筋。受压钢筋一侧的配筋率，对砂浆面层，不宜小于 0.1%，对混凝土面层，不宜小于 0.2%。受拉钢筋的配筋率，不应小于 0.1%。竖向受力钢筋的直径，不应小于 8mm，钢筋的净间距，不应小于 30mm。

（3）竖向受力钢筋的混凝土保护层厚度，不应小于表 5-3 中的规定。竖向受力钢筋距砖砌体表面的距离不应小于 5mm。

混凝土保护层最小厚度（mm）　　　　　　　　　　　　　　表 5-3

环境条件 构件类别	室内正常环境	露天或室内潮湿环境
墙	15	25
柱	25	35

注：当面层为水泥砂浆时，对于柱，保护层厚度可减小 5mm。

（4）箍筋的直径，不宜小于4mm及0.2倍的受压钢筋直径，并不宜大于6mm。箍筋的间距，不应大于20倍受压钢筋的直径及500mm，并不应小于120mm。

（5）当组合砖砌体构件一侧的竖向受力钢筋多于4根时，应设置附加箍筋或拉结钢筋。

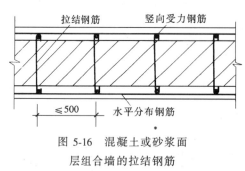

图5-16 混凝土或砂浆面层组合墙的拉结钢筋

（6）对于截面长短边相差较大的构件如墙体等，应采用穿通墙体的拉结钢筋作为箍筋，同时设置水平分布钢筋。水平分布钢筋的竖向间距及拉结钢筋的水平间距，均不应大于500mm（图5-16）。

（7）组合砖砌体构件的顶部和底部，以及牛腿部位，必须设置钢筋混凝土垫块。竖向受力钢筋伸入垫块的长度，必须满足锚固要求。

三、砖砌体和钢筋混凝土构造柱组合墙

砖砌体和钢筋混凝土构造柱组合墙的整体受力性能和构造柱对承载力的贡献，是基于构造柱的设置部位与间距、材料选择、构造柱与圈梁的截面尺寸、钢筋的锚固与拉结以及构造柱的施工方法必须符合下列规定：

（1）组合砖墙砌体结构房屋，应在纵、横墙交接处、墙端部和较大洞口的洞边设置构造柱，其间距不宜大于4m。各层洞口宜设置在相应位置，并宜上下对齐。

（2）砂浆的强度等级不应低于M5，构造柱的混凝土强度等级不宜低于C20。

（3）构造柱的截面尺寸不宜小于240mm×240mm，其厚度不应小于墙厚，边柱、角柱的截面宽度宜适当加大。

（4）构造柱内竖向受力钢筋，对于中柱，不宜少于4φ12；对于边柱、角柱，不宜少于4φ14。构造柱的竖向受力钢筋的直径也不宜大于16mm，其混凝土保护层厚度，应符合表5-3的规定。对于箍筋，一般部位宜采用φ6、间距200mm，楼层上、下500mm范围内宜采用φ6、间距100mm。构造柱的竖向受力钢筋应在基础梁和楼层圈梁中锚固，并应符合受拉钢筋的锚固要求。

（5）组合砖墙砌体结构房屋应在基础顶面、有组合墙的楼层处设置现浇钢筋混凝土圈梁。圈梁的截面高度不宜小于240mm；纵向钢筋不宜小于4φ12，纵向钢筋应伸入构造柱内，并应符合受拉钢筋的锚固要求；圈梁的箍筋宜采用φ6、间距200mm。

（6）组合砖墙的施工顺序应为先砌墙后浇混凝土构造柱。砖砌体与构造柱的连接处应砌成马牙槎，并应沿墙高每隔500mm设2φ6拉结钢筋，且每边伸入墙内不宜小于600mm。

第六节 配筋混凝土砌块砌体剪力墙的构造要求

图5-17为施工中的配筋混凝土砌块墙体。这种墙体的竖向钢筋设在砌块孔洞内，然后浇筑灌孔混凝土（形成芯柱）。其水平钢筋放置在水平灰缝内（钢筋直径小时）或放置在砌块凹槽内（钢筋直径较大时），并浇筑灌孔混凝土。上述混凝土通常在每一层墙高的墙体内进行一次连续灌筑。所有这些特点，使得配筋混凝土砌块砌体剪力墙在材料选择、钢筋布置、钢筋的锚固和搭接、配筋率以及边缘构件的设置等方面，提出了与现浇钢筋混凝土剪力墙许多不同的构造要求。

图 5-17 施工中的墙体

一、砌体材料的最低强度等级

（1）砌块不应低于 MU10。

（2）砌筑砂浆不应低于 Mb7.5。

（3）灌孔混凝土不应低于 Cb20。

对安全等级为一级或设计使用年限大于 50 年的配筋砌块砌体房屋，所用材料的最低强度等级应至少提高一级。

二、钢筋的布置与规格

（1）配筋混凝土砌块砌体剪力墙中的竖向钢筋应在每层墙高范围内连续布置，竖向钢筋可采用单排钢筋；水平分布钢筋或网片宜沿墙长连续布置，水平分布钢筋宜采用双排钢筋。

（2）钢筋的直径不宜大于 25mm；设置在灰缝中钢筋的直径不宜大于灰缝厚度的 1/2，且不应小于 4mm。

（3）配置在孔洞或空腔中的钢筋面积不应大于孔洞或空腔面积的 6%。

（4）两平行钢筋的净距不应小于 25mm。

三、钢筋的锚固与搭接

竖向受拉钢筋在芯柱混凝土中和水平受力钢筋在凹槽混凝土中及在砌体灰缝中的锚固长度、搭接长度应符合表 5-4 的规定。

受拉钢筋的锚固长度和搭接长度　　　　　　　　　　　　　　　　　表 5-4

钢筋所在位置	锚固长度 l_a	搭接长度 l_l
竖向钢筋在芯柱混凝土中	$35d$，且不小于 500mm	$38.5d$，且不小于 500mm
水平钢筋在凹槽混凝土中	$30d$，且弯折段不小于 $15d$ 和 200mm	$35d$，且不小于 350mm
水平钢筋在水平灰缝中	$50d$，且弯折段不小于 $20d$ 和 250mm	$55d$，且不小于 300mm；隔皮错缝搭接为 $55d + 2h$（h 为水平灰缝间距）

注：d 为受拉钢筋直径。

常见的锚固与搭接方式如图 5-18 ~ 5-20 所示。

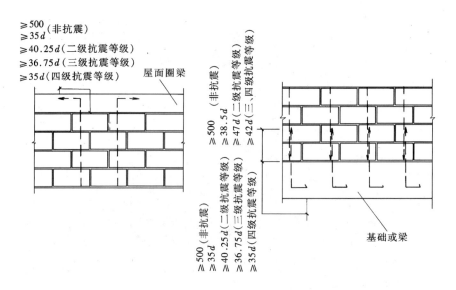

图 5-18 竖向受力钢筋的锚固与搭接

d—受力钢筋直径

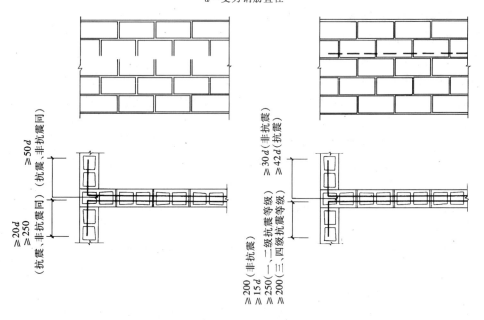

图 5-19 水平受力钢筋的锚固

（a）在水平灰缝中的锚固；（b）在凹槽砌块混凝土带中的锚固

d—受力钢筋直径

四、钢筋的最小保护层厚度

（1）灰缝中钢筋外露砂浆保护层不宜小于 15mm。

（2）位于砌块孔槽中的钢筋保护层，在室内正常环境不宜小于 20mm；在室外或潮湿环境不宜小于 30mm。

对安全等级为一级或设计年限大于 50 年的配筋混凝土砌块砌体结构构件，钢筋的保

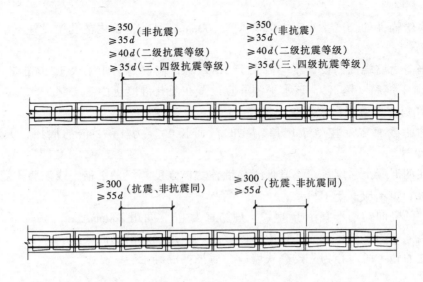

图 5-20　水平受力钢筋的搭接

（a）在凹槽砌块混凝土带中的搭接；（b）在水平灰缝中的搭接

d—受力钢筋直径

护层应比本条规定的厚度至少增加 5mm，或采用经防腐处理的钢筋、抗渗混凝土等措施。

五、配筋混凝土砌块砌体剪力墙的构造配筋

（1）剪力墙沿竖向和水平方向的构造钢筋配筋率均不宜小于 0.07%。

（2）应在墙的转角、端部和孔洞的两侧配置竖向连续的钢筋，钢筋的直径不宜小于 12mm。

（3）应在洞口的底部和顶部设置不小于 2φ10 的水平钢筋，其伸入墙内的长度不宜小于 35d 和 400mm。

（4）应在楼（屋）盖的所有纵、横墙处设置现浇钢筋混凝土圈梁，圈梁的宽度和高度宜等于墙厚和块高，圈梁主筋不应少于 4φ10，圈梁的混凝土强度等级不宜低于同层混凝土砌块强度等级的 2 倍，或该层灌孔混凝土的强度等级，也不应低于 C20。

（5）剪力墙其他部位的竖向和水平钢筋的间距不应大于墙长、墙高之半，也不应大于 1200mm。对局部灌孔的砌体，紧向钢筋的间距不应大于 600mm。

六、边缘构造

在剪力墙的端部、转角、丁字或十字交接处，应设置边缘构件，它可采用配筋砌块砌体（图 5-21a），亦可采用钢筋混凝土柱（图 5-21b）。

1. 当利用剪力墙端的砌体时

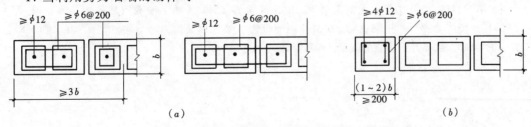

图 5-21　边缘构件的构造要求

（1）边缘构件的长度不小于3倍墙厚及600mm，且此范围内的孔中设置不小于$\phi12$通长竖向钢筋。

（2）当剪力墙端部的设计压应力大于$0.8f_g$时，应设置间距不大于200mm、直径不小于6mm的水平钢筋（钢箍），该水平钢筋宜设置在灌孔混凝土中。

2．当在剪力墙墙端设置混凝土柱

（1）柱的截面宽度宜等于墙厚，柱的截面长度宜为1~2倍的墙厚，并不应小于200mm。

（2）柱的混凝土强度等级不宜低于该墙体块体强度等级的2倍，或该墙体灌孔混凝土的强度等级，也不应低于C20。

（3）柱的竖向钢筋不宜小于$4\phi12$，箍筋宜为$\phi6$、间距200mm。

（4）墙体中的水平钢筋应在柱中锚固，并应满足钢筋的锚固要求。

（5）柱的施工顺序宜为先砌砌块墙体，后浇捣混凝土。

思 考 题 与 习 题

5-1 试述我国采用的配筋砌体结构的类型及其适用范围。

5-2 网状配筋砖砌体的轴心受压性能有何特点？

5-3 某网状配筋砖柱，截面尺寸为370mm×740mm，计算高度为5.1m。采用烧结普通砖MU10和水泥混合砂浆砌筑M7.5，施工质量控制等级为B级，承受轴心压力460.0kN。试设计网状钢筋。

5-4 试比较钢筋混凝土面层组合砖柱与钢筋混凝土柱在偏心受压承载力计算中的异同点。

5-5 某钢筋混凝土面层组合砖柱，计算高度6.9m，采用烧结普通砖MU10和水泥混合砂浆M5砌筑，面层混凝土C20，截面尺寸与配筋如图5-22所示，施工质量控制等级为B级。承受轴向力$N=410$kN，沿截面长边方向的弯矩$M=190$kN·m。试核算该组合砖柱的受压承载力。

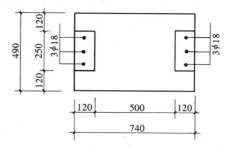

图 5-22 习题 5-5 组合砖柱截面

5-6 试就砖砌体和钢筋混凝土构造柱组合墙中对构造柱设置的规定，说明构造柱的主要作用。

5-7 某房屋横墙，墙厚240mm，计算高度5.8m；采用烧结普通砖MU10和水泥混合砂浆M7.5，墙内设置间距为2.5m的钢筋混凝土构造柱，其截面为240mm×240mm，C20混凝土、配$4\phi14$钢筋；施工质量控制等级为B级；承受轴心压力$N=250$kN/m。试核算该组合墙的轴心受压承载力。

5-8 试述配筋混凝土砌块墙体在偏心受压时的主要受力性能。

5-9 配筋混凝土砌块砌体剪力墙中，水平分布钢筋可采用何种方法锚固，相应的锚固长度为多少？

5-10 某高层房屋中的配筋混凝土砌块砌体剪力墙，截面尺寸为190mm×3600mm；采用混凝土空心砌块（孔洞率45%）MU20、水泥混合砂浆Mb15砌筑和Cb40混凝土灌孔（灌孔率50%），已配置$2\phi10@400$的水平分布钢筋；施工质量控制等级为A级。截面内力$N=4000.0$kN，$M=1500$kN·m，$V=700$kN。试核算该墙肢的斜截面受剪承载力。

第六章　砌体结构房屋的抗震设计

砌体是一种脆性材料，无筋砌体结构抗震性能很差，因而无筋砌体结构房屋在遭受强烈地震时破坏较为严重，如图 6-1 所示。据统计，我国自 20 世纪 60 年代以来，在主要破坏地震中多层砖房的震害程度如表 6-1 所列。我国《建筑抗震设计规范》（GB 50011—2001）中，对抗震设防地区的砌体结构作了较为严格的规定，且在房屋中只适用于：烧结普通砖、烧结多孔砖、混凝土小型空心砌块、料石等砌体承重的多层房屋，底部框架-抗震墙和多层的多排柱内框架砖砌体房屋，单层砖柱厂房以及采用配筋砖柱或组合砖柱承重

(a)　　　　　　　　　　　　　　(b)

(c)　　　　　　　　　　　　　　(d)

图 6-1　砌体结构房屋的地震破坏

(a) 墙体破坏；(b) 局部倒塌；(c) 墙角破坏；(d) 外墙倒塌

的小型影剧院、俱乐部、礼堂、食堂等单层空旷房屋。只有采用配筋混凝土砌块砌体剪力墙才可用于建造高层房屋。

震害程度统计结果 表 6-1

地震烈度 调查情况 震害程度	6 度		7 度		8 度		9 度		10 度及以上	
	房屋幢数	%	房屋幢数	%	房屋幢数	%	房屋幢数	%	房屋幢数	%
基本完好	230	45.9	250	40.8	141	37.2	9	5.8	4	0.3
轻微损坏	212	42.3	231	37.7	74	19.5	14	9.1	30	2.5
中等破坏	56	11.2	75	12.2	94	24.8	38	24.7	66	5.6
严重破坏	3	0.6	54	8.8	69	18.2	83	53.9	154	13.0
倒　塌	—	—	3	0.5	1	0.3	10	6.5	933	78.6
总　计	501		613		379		154		1187	

第一节　房屋抗震设计的基本规定

一、多层砌体房屋

1. **房屋的结构体系**

多层砌体房屋的结构体系，应符合下列要求：

（1）应优先采用横墙承重或纵、横墙共同承重的结构体系。纵墙承重的结构体系，其横墙间距大，纵墙在横向的支承较弱，对抗震不利。

（2）纵横墙的布置宜均匀对称，沿平面内宜对齐，沿竖向应上下连续；同一轴线上的窗间墙宽度宜均匀。这是传递地震作用所要求的，以防墙体被各个击破。

（3）房屋立面高差在 6m 以上，或房屋有错层且楼板高差较大，或房屋各部分结构刚度、质量截然不同时，宜设置防震缝，缝两侧均应设置墙体，缝宽为 50～100mm。

（4）楼梯间不宜设置在房屋的尽端和转角处。这是因为楼梯间墙体的水平支承较弱，尤其是顶层震害加重。

（5）不应采用无锚固的钢筋混凝土预制挑檐。

（6）烟道、风道、垃圾道等不应削弱墙体。当墙体被削弱时，应对墙体采取加强措施，不宜采用无竖向配筋的附墙烟囱及出屋面的烟囱。

2. **房屋的高度与层数**

在一般地基条件下，砌体结构房屋层数越多，高度越高，其震害程度和破坏率也越大。因此，对这类结构房屋的总高度和层数等方面作出规定，是一种既经济又有效的抗震措施，对保证多层砌体房屋不致因整体弯曲而破坏也是有利的。

多层砌体房屋的总高度和层数，应符合表 6-2 的规定，不得任意超高、超层。对医院、教学楼等及横墙较少的房屋的总高度，应比表 6-2 的规定相应降低 3m，层数应相应减少一层。各层横墙很少的房屋（指同一楼层内开间大于 4.2m 的房间占该层总面积 40%以上的房屋），应根据具体情况再适当降低总高度和减少层数。横墙较少的多层砖砌体住宅楼，当按规定采取加强措施并满足抗震承载力要求时，其高度和层数应允许仍按表 6-2 的规定采用。

普通砖、多孔砖和小砌块砌体承重房屋的层高，不应超过 3.6m；底部框架—抗震墙房屋的底部和内框架房屋的层高，不应超过 4.5m。

房屋的层数和总高度限值（m）   表 6-2

房屋类别		最小墙厚度（mm）	烈 度							
			6		7		8		9	
			高度	层数	高度	层数	高度	层数	高度	层数
多层砌体	普通砖	240	24	8	21	7	18	6	12	4
	多孔砖	240	21	7	21	7	18	6	12	4
	多孔砖	190	21	7	18	6	15	5	—	—
	小砌块	190	21	7	21	7	18	6	—	—
底部框架-抗震墙		240	22	7	22	7	19	6	—	—
多排柱内框架		240	16	5	16	5	13	4	—	—

注：1. 房屋的总高度指室外地面到主要屋面板板顶或檐口的高度，半地下室从地下室室内地面算起，全地下室和嵌固条件好的半地下室应允许从室外地面算起；对带阁楼的坡屋面应算到山尖墙的 1/2 高度处；

2. 室内外高差大于 0.6m 时，房屋总高度应允许比表中数据适当增加，但不应多于 1m。

多层砌体房屋总高度与总宽度的最大比值，宜符合表 6-3 的要求。

房屋最大高宽比   表 6-3

烈　度	6	7	8	9
最大高宽比	2.5	2.5	2.0	1.5

注：1. 单面走廊房屋的总宽度不包括走廊宽度；

2. 建筑平面接近正方形时，其高宽比宜适当减小。

3. 抗震横墙的间距及墙段的局部尺寸

房屋抗震横墙的间距，不应超过表 6-4 的要求。

房屋抗震横墙最大间距（m）   表 6-4

房　屋　类　别			烈　度			
			6	7	8	9
多层砌体	现浇或装配整体式钢筋混凝土楼、屋盖		18	18	15	11
	装配式钢筋混凝土楼、屋盖		15	15	11	7
	木楼、屋盖		11	11	7	4
底部框架—抗震墙	上部各层		同多层砌体房屋			—
	底层或底部两层		21	18	15	—
多排柱内框架			25	21	18	—

注：1. 多层砌体房屋的顶层，最大横墙间距应允许适当放宽；

2. 表中木楼、屋盖的规定，不适用于小砌块砌体房屋。

房屋中砌体墙段的局部尺寸限值，宜符合表 6-5 的要求：

房屋的局部尺寸限值（m）   表 6-5

部　　位	6 度	7 度	8 度	9 度
承重窗间墙最小宽度	1.0	1.0	1.2	1.5
承重外墙尽端至门窗洞边的最小距离	1.0	1.0	1.2	1.5
非承重外墙尽端至门窗洞边的最小距离	1.0	1.0	1.0	1.0
内墙阳角至门窗洞边的最小距离	1.0	1.0	1.5	2.0
无锚固女儿墙（非出入口处）的最大高度	0.5	0.5	0.5	0.0

注：1. 局部尺寸不足时应采取局部加强措施弥补；

2. 出入口处的女儿墙应有锚固；

3. 多层多排柱内框架房屋的纵向窗间墙宽度，不应小于 1.5m。

二、配筋混凝土砌块砌体剪力墙房屋

配筋混凝土砌块砌体剪力墙（抗震墙）房屋的结构布置，应符合下列要求：

（1）平面形状宜简单、规则，凹凸不宜过大，减少扭转作用并应具有良好的整体性；竖向布置宜规则，侧向刚度宜变化均匀，避免过大的外挑和内收。

（2）纵、横向抗震墙宜拉通对直；每个墙段不宜太长，每个独立墙段的总高度与墙段长度之比不宜小于2；墙肢截面高度不宜大于8m；门窗洞口宜上下对齐，成列布置。

（3）房屋的高度：

配筋混凝土砌块砌体剪力墙房屋的最大高度，不宜超过表6-6的规定；房屋总高度与总宽度的比值，当为6、7、8度时分别不宜超过5、4、3；对横墙较少或建造于Ⅳ类场地的房屋，适用的最大高度应适当降低。

在美国等国的有关标准中，未规定这种结构房屋适用的最大高度，相比之下我国的规定相当严格。当房屋的最大高度超过表6-6的限值时，允许根据专门研究，采取有效的加强措施，并通过一定的审批，房屋的高度可以适当增加。

配筋混凝土砌块砌体剪力墙房屋适用的最大高度（m）　　　　表6-6

最小墙厚	6 度	7 度	8 度
190mm	54	45	30

（4）抗震等级与剪力墙的最大间距：

配筋混凝土砌块砌体剪力墙房屋的抗震等级，应根据抗震设防分类、抗震设防烈度、房屋高度等因素来划分，使之在抗震验算和构造措施上区别对待。配筋混凝土砌块砌体剪力墙丙类建筑的抗震等级宜按表6-7确定。

为了保证横向抗震验算时的水平地震作用能够有效地传递到横墙（或纵墙）上，配筋混凝土砌块砌体剪力墙房屋抗震横墙的最大间距，应符合表6-8的要求。

配筋混凝土砌块砌体剪力墙房屋的抗震等级　　　　表6-7

烈度	6 度		7 度		8 度	
高度（m）	≤24	>24	≤24	>24	≤24	>24
抗震等级	四	三	三	二	二	一

注：接近或等于高度分界时，可结合房屋不规则程度及场地、地基条件确定抗震等级。

配筋混凝土砌块砌体剪力墙房屋抗震横墙的最大间距（m）　　　　表6-8

烈　　度	6 度	7 度	8 度
最大间距	15	15	11

（5）防震缝：

房屋宜选用规则、合理的建筑结构方案，不设防震缝，当需要设置防震缝时，其最小宽度应符合下列要求：

当房屋高度不超过20m时，可采用70mm；当超过20m时，6度、7度、8度相应高度每增加6m、5m和4m，宜加宽20mm。缝宽应充分考虑缝两侧建筑沉降引起相互靠拢的影响及施工容许误差。

三、房屋的抗震计算

多层砌体房屋的抗震计算采用底部剪力法。通常选择承受荷载面积大或竖向应力较小

的墙段进行截面抗震承载力验算。

　　配筋混凝土砌块砌体剪力墙结构的地震作用，宜采用振型分解反应谱法；高度不超过40m、以剪切变形为主且质量和刚度沿高度分布比较均匀的房屋，可采用底部剪力法。配筋混凝土砌块砌体剪力墙结构的内力与位移，可按弹性方法计算。应根据结构分析所得的内力，分别按轴心受压、偏心受压或偏心受拉构件进行正截面承载力和斜截面承载力计算，并应根据结构分析所得的位移进行变形验算。

第二节　多层砌体结构房屋的抗震验算

一、地震作用计算

（一）计算简图

　　混合结构房屋一般只需考虑水平方向的地震作用。按照底部剪力法，假定各层的质量集中在楼、屋盖处，且各楼层仅考虑一个自由度，多层砌体房屋水平地震作用的计算简图如图 6-2 所示。

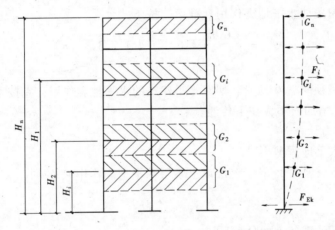

图 6-2　结构水平地震作用计算简图

（二）重力荷载代表值

　　计算地震作用时，建筑的重力荷载代表值应取结构与构配件自重标准值和各可变荷载组合值之和。各可变荷载组合值为可变荷载标准值乘以其组合值系数（表 6-9）。

组　合　值　系　数

表 6-9

可变荷载种类	组合值系数	可变荷载种类		组合值系数
雪荷载	0.5	按实际情况计算的楼面活荷载		1.0
屋面积灰荷载	0.5	按等效均布荷载计算的楼面活荷载	藏书库、档案库	0.8
屋面活荷载	不计入		其他民用建筑	0.5

　　集中于质点 i 的重力荷载代表值 G_i（图 6-2），按下式计算：

$$G_i = G_f + \frac{1}{2}(G_{w,u} + G_{w,l}) \tag{6-1}$$

式中　G_f——第 i 层楼盖的自重标准值和作用于楼面上的可变荷载组合值；

$G_{w,u}$——上层墙体自重标准值；

$G_{w,l}$——下层墙体自重标准值。

（三）各层楼、屋盖处水平地震作用计算

（1）结构的总重力荷载代表值，按下式计算：

$$G_E = \sum_{i=1}^{n} G_i \quad (i = 1, 2, 3, \cdots, n) \tag{6-2}$$

（2）结构等效总重力荷载，分别按下列两种情况确定：

单质点体系时
$$G_{eq} = G_E \tag{6-3a}$$

多质点体系时
$$G_{eq} = 0.85 G_E \tag{6-3b}$$

（3）结构总水平地震作用标准值，按下式计算：

$$F_{Ek} = \alpha_1 G_{eq} \tag{6-4}$$

式中，α_1 为相应于结构基本周期 T_1 的水平地震影响系数。对于多层砌体房屋，其基本周期在 0.25s 左右，因而取 $\alpha_1 = \alpha_{max}$。当设防烈度为 6、7、8 和 9 度时，α_{max} 分别等于 0.04、0.08、0.16 和 0.32。

（4）各楼、屋盖处水平地震作用标准值，按下式计算：

$$F_i = \frac{G_i H_i}{\sum_{j=1}^{n} G_j H_j} F_{Ek} \quad (j = 1, 2, 3, \cdots, n) \tag{6-5}$$

突出屋面的屋顶间、女儿墙、烟囱等小建筑的水平地震作用，宜按上式计算结果乘以增大系数 3，但此增加值不应往下传递。

（四）地震剪力计算

（1）各层的水平地震剪力

第 j 层水平地震剪力 V_j 等于该层以上各层水平地震作用 F_i 的和，

$$V_j = \sum_{j=1}^{n} F_i \tag{6-6}$$

（2）各层水平地震剪力的分配

各层水平地震剪力的分配，按以下三种情况计算。

（1）当采用现浇和装配整体式钢筋混凝土楼、屋盖等刚性楼盖时，宜按抗侧力构件等效刚度的比例分配，即

$$V_{im} = \frac{D_{im}}{\sum_{j=1}^{k} D_{ij}} V_i \tag{6-7}$$

式中　V_{im}——由第 i 层第 m 道横墙承受的楼层地震剪力；

　　　D_{im}——第 i 层第 m 道横墙的层间抗侧力刚度；

　　　D_{ij}——第 i 层第 j 道横墙的层间抗侧力刚度；

　　　V_i——第 i 层的水平地震剪力。

在确定横墙的抗侧力刚度时，对于墙段的高宽比 $h/b < 1$ 的情况，可只考虑剪切变形，即

$$D_{im} = \frac{G A_{im}}{h_{im} \xi_s} \tag{6-8a}$$

对于 $1 \leqslant h/b \leqslant 4$ 的情况，应同时考虑弯曲和剪切变形，即

$$D_{im} = \frac{1}{\dfrac{h_{im}^3}{12EI_{im}} + \dfrac{h_{im}\xi_s}{GA_{im}}}$$（6-8b）

对于 $h/b > 4$ 的情况，可不考虑墙段的刚度，即该墙不承担地震剪力。

式中　G、E——分别为砌体的剪变模量和弹性模量；

　　　　A_{im}——第 i 层第 m 道横墙的截面面积；

　　　　h_{im}——第 i 层第 m 道横墙的高度；

　　　　ξ_s——剪应变不均匀系数，对矩形截面 $\xi_s = 1.2$；

　　　　I_{im}——第 i 层第 m 道横墙的截面惯性矩。

（2）当采用木楼、屋盖等柔性楼盖时，宜按抗侧力构件从属面积上重力荷载代表值的比例分配。若楼盖单位面积的重力荷载相等或接近时，可近似按下式计算

$$V_{im} = \frac{A_{G,im}}{A_{G,i}}V_i$$（6-9）

式中　$A_{G,im}$——第 i 层第 m 道横墙所分担的重力荷载面积，即该道横墙两侧两个跨间中线范围内的面积；

　　　　$A_{G,i}$——第 i 层横墙的总重力荷载面积。

（3）当采用普通预制板的装配式钢筋混凝土楼、屋盖等半刚性楼、屋盖时，其刚度介于上述刚度之间，可取上述两种分配结果的平均值，即

$$V_{im} = \frac{1}{2}\left[\frac{D_{im}}{\sum\limits_{j=1}^{k} D_{ij}} + \frac{A_{G,im}}{A_{G,i}}\right]V_i$$（6-10a）

当墙段的高宽比小于 1 时，一般情况下同一楼层内的墙高相同，砌体剪变模量也相同，还可简化为按墙体净截面面积的比例分配，得

$$V_{im} = \frac{1}{2}\left(\frac{A_{im}}{A_i} + \frac{A_{G,im}}{A_{G,i}}\right)V_i$$（6-10b）

式中　A_{im}——第 i 层第 m 道横墙净面积；

　　　　A_i——第 i 层横墙总净面积。

进行房屋纵向水平地震剪力计算时，由于楼盖纵向水平刚度很大，各层纵向水平地震剪力按各道纵墙的抗侧力刚度分配。

二、墙体截面抗震承载力验算

各类砌体沿阶梯形截面破坏的抗震抗剪强度设计值 f_{VE}，应按下式确定：

$$f_{VE} = \zeta_N f_{V0}$$（6-11）

式中　f_{V0}——非抗震设计的砌体抗剪强度设计值，按表2-8采用；

　　　　ζ_N——砌体抗震抗剪强度的正应力影响系数，可按表6-10采用。

考虑地震作用组合的砌体结构构件，其截面抗震承载力应除以承载力抗震调整系数 γ_{RE}。对于两端均有构造柱、芯柱的抗震墙，$\gamma_{RE} = 0.9$；其他抗震墙，$\gamma_{RE} = 1.0$。

砌体类别	σ_0/f_{v0}							
	0.0	1.0	3.0	5.0	7.0	10.0	15.0	20.0
普通砖、多孔砖	0.80	1.00	1.28	1.50	1.70	1.95	2.32	
混凝土小型砌块		1.25	1.75	2.25	2.60	3.10	3.95	4.80

注：σ_0 为对应于重力荷载代表值的砌体截面平均压应力。

（一）无筋墙体

1. 烧结普通砖、烧结多孔砖、蒸压灰砂砖、蒸压粉煤灰砖墙体和石墙体

烧结普通砖、烧结多孔砖、蒸压灰砂砖、蒸压粉煤灰砖墙体和石墙体的截面抗震承载力，应按下式验算：

$$V \leqslant \frac{f_{VE}A}{\gamma_{RE}} \tag{6-12}$$

式中 V——考虑地震作用组合的墙体剪力设计值；

        A——墙体横截面面积。

2. 混凝土小型砌块墙体

抗震设防地区的混凝土砌块墙体，应设置钢筋混凝土芯柱，即在这种墙体适当部位的竖向孔洞内插入竖向钢筋并灌注混凝土，这对于提高房屋的抗震能力颇为有效。混凝土小型砌块墙体的截面抗震承载力，应按下式验算：

$$V \leqslant \frac{1}{\gamma_{RE}}[f_{VE}A + (0.3f_tA_c + 0.05f_yA_s)\zeta_c] \tag{6-13}$$

式中 f_t——芯柱混凝土轴心抗拉强度设计值；

        A_c——芯柱截面总面积；

        A_s——芯柱钢筋截面总面积；

        ζ_c——芯柱参与工作系数，按芯柱根数与孔洞总数之比即填孔率 ρ 确定（表 6-11）。

芯 柱 参 与 工 作 系 数   表 6-11

ρ	$\rho < 0.15$	$0.15 \leqslant \rho < 0.25$	$0.25 \leqslant \rho < 0.5$	$\rho \geqslant 0.5$
ζ_c	0.0	1.0	1.1	1.15

当同时设置芯柱和构造柱时，构造柱截面可作为芯柱截面，构造柱钢筋可作为芯柱钢筋。

（二）配筋砖墙体

1. 网状配筋或水平配筋烧结普通砖、烧结多孔砖墙体

网状配筋或水平配筋烧结普通砖、烧结多孔砖墙中，如配筋量过少，其作用甚微；配筋量过多，钢筋难以充分发挥。因此，合适的配筋率为 0.07% ~ 0.17%。这种墙体的截面抗震承载力，应按下式验算：

$$V \leqslant \frac{1}{\gamma_{RE}}(f_{VE}A + \zeta_s f_y A_s) \tag{6-14}$$

式中 f_y——钢筋抗拉强度设计值；

        A_s——层间竖向截面中钢筋总截面面积，水平钢筋的竖向间距不应大于 400mm；

ζ_s——钢筋参与工作系数，可按表6-12采用。

钢 筋 参 与 工 作 系 数 表 6-12

墙体高宽比	0.4	0.6	0.8	1.0	1.2
ζ_s	0.10	0.12	0.14	0.15	0.12

2. 砖砌体和钢筋混凝土构造柱组合墙体

在砖墙中设置截面不小于240mm×240mm且间距不大于4m的钢筋混凝土构造柱，提高了墙体的受剪承载力。该组合墙的截面抗震承载力，应按下式验算：

$$V \leq \frac{1}{\gamma_{RE}} \left[\eta_c f_{vE}(A - A_c) + \zeta f_t A_c + 0.08 f_y A_s \right] \tag{6-15}$$

式中　η_c——墙体约束修正系数，一般情况取1.0，构造柱间距不大于2.8m时取1.1；

A_c——中部构造柱的横截面面积，对横墙和内纵墙，当$A_c > 0.15A$时，取$0.15A$；对外纵墙，当$A_c > 0.25A$时，取$0.25A$；

ζ——中部构造柱参与工作系数，居中设一根时取0.5，多于一根时取0.4；

f_t——中部构造柱的混凝土轴心抗拉强度设计值；

A_s——中部构造柱的纵向钢筋截面总面积（配筋率不小于0.6%，大于1.4%时取1.4%）。

公式（6-15）表明，中部构造柱的作用与端部构造柱的作用有所不同。

第三节　配筋混凝土砌块砌体剪力墙房屋的抗震验算

一、内力调整与截面

1. 底部剪力设计值的调整

配筋混凝土砌块砌体剪力墙房屋的底部，所受弯矩和剪力较大，是房屋抗震的薄弱部位。为使剪力墙设计成强剪弱弯构件，在房屋底部，其高度不小于房屋高度的1/6且不小于二层的高度，该加强部位的剪力设计值应作调整，即

$$V = \eta_{vw} V_w \tag{6-16}$$

式中　V——考虑地震作用组合的剪力墙底部加强部位计算截面的剪力设计值；

η_{vw}——剪力增大系数，一级抗震等级取1.6，二级取1.4，三级取1.2，四级取1.0；

V_w——考虑地震作用组合的剪力墙底部加强部位计算截面的剪力计算值。

2. 剪力墙的截面

配筋混凝土砌块砌体剪力墙的截面，应符合下列要求：

当剪跨比 $\lambda > 2$ 时

$$V \leq \frac{1}{\gamma_{RE}} 0.2 f_g bh \tag{6-17}$$

$\lambda \leq 2$ 时

$$V \leq \frac{1}{\gamma_{RE}} 0.15 f_g bh \tag{6-18}$$

式中　γ_{RE}——承载力抗震调整系数，取0.85。

二、正截面承载力

配筋混凝土砌块砌体剪力墙的正截面抗震承载力，应按第五章第四节的规定计算，但其抗力应除以承载力抗震调整系数 γ_{RE}。

三、斜截面承载力

矩形截面配筋混凝土砌块砌体剪力墙的斜截面抗震受剪承载力，按下列方法计算：

1. 剪力墙在偏心受压时

$$V \leqslant \frac{1}{\gamma_{RE}}\Big[\frac{1}{\lambda - 0.5}(0.48f_{vg}bh_0 + 0.10N) + 0.72f_{yh}\frac{A_{sh}}{s}h_0 \Big] \tag{6-19}$$

$$\lambda = \frac{M}{Vh_0} \tag{6-20}$$

式中 M、N、V——考虑地震作用组合的剪力墙计算截面的弯矩、轴向力和剪力设计值，当 $N > 0.2f_g bh$ 时，取 $N = 0.2f_g bh$；

λ——计算截面的剪跨比，当 $\lambda \leqslant 1.5$ 时取 1.5，当 $\lambda \geqslant 2.2$ 时取 2.2；

h_0——配筋混凝土砌块砌体剪力墙截面的有效高度；

A_{sh}——配置在同一截面内的水平分布钢筋的全部截面面积；

f_{yh}——水平钢筋的抗拉强度设计值；

s——水平分布钢筋的竖向间距。

2. 剪力墙在偏心受拉时

$$V \leqslant \frac{1}{\gamma_{RE}}\Big[\frac{1}{\lambda - 0.5}(0.48f_{vg}bh_0 - 0.17N) + 0.72f_{yh}\frac{A_{sh}}{s}h_0 \Big] \tag{6-21}$$

式中，当 $0.48f_{vg}bh_0 - 0.17N < 0$ 时，取 $0.48f_{vg}bh_0 - 0.17N = 0$。

第四节   多层砌体结构房屋的抗震构造措施

在砌体结构房屋中采取必需的抗震构造措施，主要目的在于加强房屋的整体性，增强房屋构件间的连接，提高房屋的抗震能力。它是对抗震承载力验算的一种补充和保证。如多层房屋在适当部位设置钢筋混凝土构造柱和圈梁，墙体受到较大约束，尤其是当墙体开裂以后，墙体以其塑性变形和滑移、摩擦来消耗地震能量，增大了结构的延性，对控制墙体的散落和坍塌有显著作用。

一、构造柱的设置

（一）构造柱的设置部位

多层普通砖、多孔砖房，应按下列要求设置现浇钢筋混凝土构造柱：

（1）构造柱设置部位，一般情况下应符合表 6-13 的要求。

（2）外廊式和单面走廊式的多层房屋，应根据房屋增加一层后的层数，按表 6-13 的要求设置构造柱，且单面走廊两侧的纵墙均应按外墙处理。

（3）教学楼、医院等横墙较少的房屋，应根据房屋增加一层后的层数，按表 6-13 的要求设置构造柱；当教学楼、医院等横墙较少的房屋为外廊式或单面走廊式时，应按（2）款要求设置构造柱，但 6 度不超过四层、7 度不超过三层和 8 度不超过二层时，应按增加二层后的层数对待。

房 屋 层 数				设 置 部 位	
6 度	7 度	8 度	9 度		
四、五	三、四	二、三		外墙四角，错层部位横墙与外纵墙交接处，大房间内外墙交接处，较大洞口两侧	7、8 度时，楼、电梯间的四角；隔 15m 或单元横墙与外纵墙交接处
六、七	五	四	二		隔开间横墙（轴线）与外墙交接处，山墙与内墙交接处；7～9 度时，楼、电梯间的四角
八	六、七	五、六	三、四		内墙（轴线）与外墙交接处，内墙的局部较小墙垛处；7～9 度时，楼、电梯间的四角；9 度时内纵墙与横墙（轴线）交接处

多层蒸压灰砂砖、蒸压粉煤灰砖房，应按表 6-14 要求设置构造柱。

房 屋 层 数			设 置 部 位
6 度	7 度	8 度	
四、五	三、四	二、三	外墙四角、楼（电）梯间四角，较大洞口两侧、大房间内、外墙交接处
六	五	四	外墙四角、楼（电）梯间四角，较大洞口两侧、大房间内、外墙交接处，山墙与内纵墙交接处，隔开间横墙（轴线）与外纵墙交接处
七	六	五	外墙四角、楼（电）梯间四角，较大洞口两侧、大房间内、外墙交接处，各内墙（轴线）与外墙交接处；8 度时，内纵墙与横墙（轴线）交接处
八	七	六	较大洞口两侧，所有纵、横墙交接处，且构造柱间距不宜大于 4.8m

注：房屋的层高不宜超过 3m。

（二）构造柱的截面及连接

（1）通常构造柱最小截面可采用 240mm×180mm，纵向钢筋宜采用 4φ12，箍筋间距不宜大于 250mm，且在柱上、下端宜适当加密；7 度时超过六层、8 度时超过五层和 9 度时，构造柱纵向钢筋宜采用 4φ14，箍筋间距不应大于 200mm；房屋四角的构造柱可适当加大截面及配筋。组合砖墙中，构造柱的截面不应小于 240mm×240mm；构造柱纵向钢筋，对中柱不应少于 4φ12，对边柱不应少于 4φ14。

（2）砌体结构中设置的钢筋混凝土构造柱，必须是先砌墙后浇筑混凝土。构造柱与墙连接处应砌成马牙槎，并应沿墙高每隔 500mm 设 2φ6 拉结钢筋，每边伸入墙内不宜小于 1m。

（3）构造柱与圈梁连接处，构造柱的纵筋应穿过圈梁，保证构造柱纵筋上下贯通。

（4）构造柱一般不单独设置基础，但应伸入室外地面下 500mm，或锚入浅于 500mm 的基础圈梁内。

（5）房屋高度和层数接近表 6-2 的限值时，纵、横墙内构造柱间距尚应符合下列要求：

1）横墙内的构造柱间距不宜大于层高的二倍；下部 1/3 楼层的构造柱间距适当减小；

2）当外纵墙开间大于 3.9m 时，应另设加强措施。内纵墙的构造柱间距不宜大于 4.2m。

二、芯柱的设置

（一）芯柱的设置部位

混凝土小型砌块房屋，应按表 6-15 的要求设置钢筋混凝土芯柱；对于医院、教学楼等横墙较少的房屋，应根据房屋增加一层后的层数，按表 6-15 的要求设置芯柱。

小砌块房屋芯柱设置要求 表 6-15

房屋层数			设 置 部 位	设 置 数 量
6 度	7 度	8 度		
四、五	三、四	二、三	外墙转角，楼梯间四角；大房间内、外墙交接处；隔 15m 或单元横墙与外纵墙交接处	外墙转角，灌实 3 个孔；内、外墙交接处，灌实 4 个孔
六	五	四	外墙转角，楼梯间四角，大房间内、外墙交接处，山墙与内纵墙交接处，隔开间横墙（轴线）与外纵墙交接处	
七	六	五	外墙转角，楼梯间四角；各内墙（轴线）与外纵墙交接处；8、9 度时，内纵墙与横墙（轴线）交接处和洞口两侧	外墙转角，灌实 5 个孔；内、外墙交接处，灌实 4 个孔；内墙交接处，灌实 4～5 个孔；洞口两侧各灌实 1 个孔
	七	六	同上；横墙内芯柱间距不宜大于 2m	外墙转角，灌实 7 个孔；内、外墙交接处，灌实 5 个孔；内墙交接处，灌实 4～5 个孔；洞口两侧各灌实 1 个孔

注：外墙转角，内、外墙交接处，楼电梯间四角等部位，应允许采用钢筋混凝土构造柱替代部分芯柱。

（二）芯柱的截面及连接

（1）在混凝土小型砌块房屋中，每个芯柱的截面一般为砌块孔洞的尺寸，芯柱截面不宜小于 120mm×120mm，其混凝土强度等级不应低于 Cb20。

（2）芯柱的竖向插筋应贯通墙身且与圈梁连接；插筋不应小于 $1\phi12$，7 度时超过五层、8 度时超过四层和 9 度时，插筋不应小于 $1\phi14$。

（3）芯柱应伸入室外地面下 500mm 或与埋深小于 500mm 的基础圈梁相连。

（4）为提高墙体抗震受剪承载力而设置的芯柱，宜在墙体内均匀布置，最大净距不宜大于 2.0m。

（5）小砌块房屋墙体交接处或芯柱与墙体连接处应设置拉结钢筋网片，网片可采用直径 4mm 的钢筋点焊而成，沿墙高每隔 600mm 设置，每边伸入墙内不宜小于 1m。

（三）代替芯柱的构造柱

小砌块房屋中替代芯柱的钢筋混凝土构造柱，应符合下列构造要求：

（1）构造柱最小截面可采用 190mm×190mm，纵向钢筋宜采用 $4\phi12$，箍筋间距不宜大于 250mm，且在柱上、下端宜适当加密；7 度时超过五层、8 度时超过四层和 9 度时，构造柱纵向钢筋宜采用 $4\phi14$，箍筋间距不应大于 200mm；外墙转角的构造柱可适当加大截面及配筋。

（2）构造柱与砌块墙连接处应砌成马牙槎，与构造柱相邻的砌块孔洞，6 度时宜填实，7 度时应填实，8 度时应填实并插筋；沿墙高每隔 600mm 应设拉结钢筋网片，每边伸入墙内不宜小于 1m。

（3）构造柱与圈梁连接处，构造柱的纵筋应穿过圈梁，保证构造柱纵筋上下贯通。

（4）构造柱可不单独设置基础，但应伸入室外地面下 500mm，或与埋深小于 500mm 的基础圈梁相连。

三、圈梁的设置

1. 多层普通砖、多孔砖房屋的现浇钢筋混凝土圈梁

（1）装配式钢筋混凝土楼、屋盖或木楼、屋盖的砖房，横墙承重时应按表6-16的要求设置圈梁；纵墙承重时每层均应设置圈梁，且抗震横墙上的圈梁间距应比表内要求适当加密。

砖房现浇钢筋混凝土圈梁设置要求　　　　　　　　　　表6-16

墙　类	设　防　烈　度		
	6、7	8	9
外墙和内纵墙	屋盖处及每层楼盖处	屋盖处及每层楼盖处	屋盖处及每层楼盖处
内横墙	同上；屋盖处间距不应大于7m；楼盖处间距不应大于15m；构造柱对应部位	同上；屋盖处沿所有横墙，且间距不应大于7m；楼盖处间距不应大于7m；构造柱对应部位	同上；各层所有横墙

（2）现浇或装配整体式钢筋混凝土楼、屋盖与墙体有可靠连接的房屋，应允许不另设圈梁，但楼板沿墙体周边应加强配筋并应与相应的构造柱钢筋可靠连接。

2．多层普通砖、多孔砖房屋的现浇钢筋混凝土圈梁

（1）圈梁应闭合，遇有洞口圈梁应上下搭接。圈梁宜与预制板设在同一标高处或紧靠板底。

（2）圈梁在表6-16要求的间距内无横墙时，应利用梁或板缝中配筋替代圈梁。

（3）圈梁的截面高度不应小于120mm，配筋应符合表6-17的要求；当考虑地基不均匀沉降要求增设的基础圈梁，截面高度不应小于180mm，配筋不应少于$4\phi12$。

砖房现浇钢筋混凝土圈梁配筋要求　　　　　　　　　　表6-17

配　筋	设　防　烈　度		
	6、7	8	9
最小纵筋	$4\phi10$	$4\phi12$	$4\phi14$
最大箍筋间距（mm）	250	200	150

3．蒸压灰砂砖、蒸压粉煤灰砖房的现浇钢筋混凝土圈梁

当6度八层、7度七层和8度五层时，还应在所有楼、屋盖处的纵、横墙上设置现浇钢筋混凝土圈梁，圈梁的截面尺寸不应小于240mm×180mm，圈梁主筋不应少于$4\phi12$，箍筋$\phi6$、间距200mm。

4．小砌块房屋的现浇钢筋混凝土圈梁

小砌块房屋的现浇钢筋混凝土圈梁应按表6-18的要求设置，圈梁宽度不应小于190mm，配筋不应少于$4\phi12$，箍筋间距不应大于200mm。

小砌块房屋现浇钢筋混凝土圈梁设置要求　　　　　　　　　　表6-18

墙　类	设　防　烈　度	
	6、7	8
外墙和内纵墙	屋盖处及每层楼盖处	屋盖处及每层楼盖处
内横墙	同上；屋盖处沿所有横墙；楼盖处间距不应大于7m；构造柱对应部位	同上；各层所有横墙

四、楼、屋盖的连接及过梁的设置

砌体房屋的楼、屋盖连接及过梁的设置，应符合下列要求：

（1）现浇钢筋混凝土楼板或屋面板伸进纵、横墙内的长度，均不应小于120mm。

（2）装配式钢筋混凝土楼板或屋面板，当圈梁未设在板的同一标高时，板端伸进外墙的长度不应小于120mm，伸进内墙的长度不应小于100mm，在梁上不应小于80mm。

（3）当板的跨度大于4.8m并与外墙平行时，靠外墙的预制板侧边应与墙或圈梁拉结。

（4）房屋端部大房间的楼盖，8度时房屋的屋盖和9度时房屋的楼、屋盖，当圈梁设在板底时，钢筋混凝土预制板应相互拉结，并应与梁、墙或圈梁拉结。

（5）楼、屋盖的钢筋混凝土梁或屋架，应与墙、柱（包括构造柱、芯柱）或圈梁可靠连接，梁与砌体柱的连接不应削弱柱截面，各层独立柱顶部应在两个方向均有可靠连接。

（6）坡屋顶房屋的屋架应与顶层圈梁可靠连接，檩条或屋面板应与墙及屋架可靠连接，房屋出入口处的檐口瓦应与屋面构件锚固；8度和9度时，顶层内纵墙顶宜增砌支承山墙的踏步式墙垛。

（7）预制阳台应与圈梁和楼板的现浇板带可靠连接。

（8）门窗洞处不应采用无筋砖过梁；过梁支承长度，6~8度时不应小于240mm，9度时不应小于360mm。

五、对楼梯间的要求

（1）8度和9度时，顶层楼梯间横墙和外墙应沿墙高每隔500mm设$2\phi6$通长钢筋；9度时其他各层楼梯间墙体应在休息平台或楼层半高处设置60mm厚的钢筋混凝土带或配筋砖带，其砂浆强度等级不应低于M7.5，纵向钢筋不应少于$2\phi10$。

（2）8度和9度时，楼梯间及门厅内墙阳角处的大梁支承长度不应小于500mm，并应与圈梁连接。

（3）装配式楼梯段应与平台板的梁可靠连接；不应采用墙中悬挑式踏步或踏步竖肋插入墙体的楼梯，不应采用无筋砖砌栏板。

（4）突出屋顶的楼、电梯间，构造柱应伸到顶部，并与顶部圈梁连接，内、外墙交接处应沿墙高每隔500mm设$2\phi6$拉结钢筋，且每边伸入墙内不应小于1m。

六、对基础的要求

同一结构单元的基础（或桩承台），宜采用同一类型的基础，底面宜埋置在同一标高上，否则应增设基础圈梁并应按1:2的台阶逐步放坡。基础圈梁的截面高度一般不小于180mm，配筋不少于$4\phi12$。

七、其他加强措施

（1）多层砖房中，7度时长度大于7.2m的大房间，及8度和9度时，外墙转角及内、外墙交接处，应沿墙高每隔500mm配置$2\phi6$拉结钢筋，并每边伸入墙内不宜小于1m。

（2）横墙较少的多层普通砖、多孔砖住宅楼的总高度和层数接近或达到表6-2规定限值，应采取下列加强措施：

1）房屋的最大开间尺寸不宜大于6.6m。

2）同一结构单元内横墙错位数量不宜超过横墙总数的1/3，且连续错位不宜多于两道；错位的墙体交接处均应增设构造柱，且楼、屋面板应采用现浇钢筋混凝土板。

3）横墙和内纵墙上洞口的宽度不宜大于1.5m；外纵墙上洞口的宽度不宜大于2.1m或开间尺寸的一半；且内、外墙上洞口位置不应影响内、外纵墙与横墙的整体连接。

4）所有纵横墙均应在楼、屋盖标高处设置加强的现浇钢筋混凝土圈梁：圈梁的截面高度不宜小于150mm，上、下纵筋各不应少于3ϕ10，箍筋不小于ϕ6，间距不大于300mm。

5）所有纵横墙交接处及横墙的中部，均应增设满足下列要求的构造柱：在横墙内的柱距不宜大于层高，在纵墙内的柱距不宜大于4.2m，最小截面尺寸不宜小于240mm×240mm，配筋宜符合表6-19的要求。

增设构造柱的纵筋和箍筋设置要求   表6-19

位 置	纵 向 钢 筋			箍 筋		
	最大配筋率（%）	最小配筋率（%）	最小直径（mm）	加密区范围（mm）	加密区间距（mm）	最小直径（mm）
角柱	1.8	0.8	14	全高	100	6
边柱			14	上端700		
中柱	1.4	0.6	12	下端500		

6）同一结构单元的楼、屋面板应设置在同一标高处。

7）房屋底层和顶层的窗台标高处，宜设置沿纵、横墙通长的水平现浇钢筋混凝土带；其截面高度不小于60mm，宽度不小于240mm，纵向钢筋不少于3ϕ6。

（3）当小砌块房屋的层数，6度时七层、7度时超过五层、8度时超过四层，在底层和顶层的窗台标高处，沿纵横墙应设置通长的水平现浇钢筋混凝土带；其截面高度不小于60mm，纵筋不少于2ϕ10，并应有分布拉结钢筋；其混凝土强度等级不应低于C20。

第五节 配筋混凝土砌块砌体剪力墙房屋的抗震构造措施

一、配筋要求

1．分布钢筋

配筋混凝土砌块砌体剪力墙的竖向分布钢筋和水平分布钢筋应符合表6-20的要求。

剪力墙竖向和水平分布钢筋的配筋构造   表6-20

抗震等级	最小配筋率（%）		最大间距（mm）	最小直径（mm）	
	一般部位	加强部位		竖向钢筋	水平钢筋
一级	0.13	0.13	400	ϕ12	ϕ8
二级	0.11	0.13	600	ϕ12	ϕ8
三级	0.10	0.11	600	ϕ12	ϕ8
四级	0.10	0.10	600	ϕ12	ϕ8

注：顶层和底层竖向钢筋的最大间距应适当减小，顶层和底层水平钢筋的最大间距不应大于400mm。

2．边缘构件的配筋

配筋混凝土砌块砌体剪力墙边缘构件的设置除应符合第五章第六节中的规定外，当剪力墙的压应力大于$0.5f_g$时，其构造配筋应符合表6-21的规定。

抗震等级	底部加强区	其他部位	箍筋或拉筋直径和间距
一级	$3\phi20$	$3\phi18$	$\phi8@200$
二级	$3\phi18$	$3\phi16$	$\phi8@200$
三级	$3\phi16$	$3\phi14$	$\phi8@200$
四级	$3\phi14$	$3\phi12$	$\phi8@200$

3. 钢筋的锚固与搭接

配筋混凝土砌块砌体剪力墙的竖向受拉钢筋和水平受力钢筋（网片）的锚固、搭接要求，除应符合第五章第六节中的要求外，尚应符合表 6-22 的规定（可参阅图 5-18～5-20）。

剪力墙竖向和水平钢筋（网片）的锚固长度与搭接长度　　　　表 6-22

锚固长度 l_{ae}，搭接长度 l_{le}			抗 震 等 级		
			一级、二级	三级	四级
竖向钢筋	所有部位	l_{le}	$1.15l_a$	$1.05l_a$	l_a
		l_{le}	$1.2l_a+5d$	$1.2l_a$	$1.2l_a$
	房屋高度 > 50mm 的基础顶面 l_{le}		$50d$	$40d$	
水平钢筋	钢筋在末端弯 90°锚入灌孔混凝土的长度		$\geq250mm$	$\geq200mm$	
	焊接网片的弯折端部加焊的水平钢筋在末端弯 90°锚入灌孔混凝土的长度		$\geq150mm$		
	搭接长度		$40d$	$35d$	

注：1. 配筋混凝土砌块砌体剪力墙房屋的基础与剪力墙结合处的受力钢筋，当房屋高度超过 50m 或一级抗震等级时宜采用机械连结或焊接，其他情况可采用搭接；

2. d 为受拉钢筋直径；l_a 为非抗震时受拉钢筋的锚固长度。

二、楼、屋盖及圈梁

（1）配筋混凝土砌块砌体剪力墙房屋的楼、屋盖宜采用现浇钢筋混凝土结构；抗震等级为四级时，也可采用装配式钢筋混凝土楼盖。

（2）应在配筋混凝土砌块砌体剪力墙房屋的楼、屋盖的所有纵、横墙处按下列规定设置现浇钢筋混凝土圈梁：

1）圈梁的宽度宜等于墙厚，高度不宜小于 200mm；纵向钢筋直径不应小于墙中水平分布钢筋的直径，且不宜小于 $4\phi12$；箍筋直径不应小于 $\phi8$，间距不应大于 200mm。

2）圈梁的混凝土强度等级不宜低于同层混凝土砌块强度等级的 2 倍，或该层灌孔混凝土的强度等级，也不应低于 C20。

【例题 6-1】　某五层砖墙承重办公楼，平、剖面如图 6-3 所示。除第 1 层内、外纵墙墙厚为 370mm 外，其他墙厚均为 240mm，采用烧结煤矸石砖 MU10、水泥混合砂浆 M5 砌筑，施工质量控制等级为 B 级。抗震设防烈度为 7 度，设计地震分组为第一组，场地类别为Ⅲ类。试验算该房屋墙体的截面抗震承载力。

【解】　本房屋自室外地面至檐口的高度为 17.95m，层数为五层，其总高度和层数符合表 6-2 的要求。

1. 已知荷载资料

（1）屋面荷载标准值

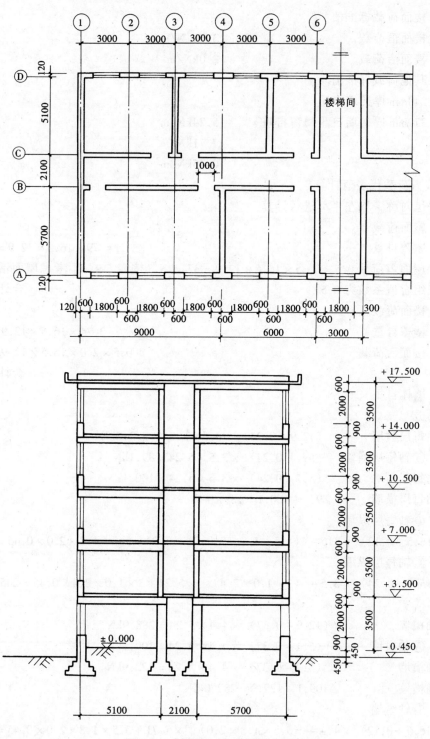

图 6-3　[例题 6-1] 房屋平、剖面

屋面恒荷载	4.79kN/m²
屋面活荷载	0.7kN/m²
屋面雪荷载	0.35kN/m²

（2）楼面荷载标准值

楼面恒荷载 $3.74 kN/m^2$

楼面活荷载 $2.0 kN/m^2$

（3）其他荷载标准值

240mm 厚砖墙自重

370mm 厚砖墙自重门窗自重 $5.24 kN/m^2$

                                      $7.71 kN/m^2$

                                      $0.45 kN/m^2$

2. 重力荷载代表值计算

因房屋对称，取左半部进行计算。

（1）屋面荷载

屋盖自重 $4.79 \times 16.5 \times 12.9 = 1019.6 kN$

屋面雪荷载 $0.5 \times 0.35 \times 16.5 \times 12.9 = 37.2 kN$（按表 6-9，不考虑屋面活荷载；屋面雪荷载组合值系数为 0.5）   合计 1056.8kN

（2）楼面荷载

楼盖自重 $3.74 \times 16.5 \times 12.9 = 796.0 kN$

楼面活荷载 $0.5 \times 2.0 \times 16.5 \times 12.9 = 212.8 kN$

                                              合计 1008.8kN

（3）墙体自重

2~5 层

①轴每层横墙 $(12.9 - 0.24) \times 3.5 \times 5.24 = 232.2 kN$

③、⑤轴每层横墙 $(5.1 - 0.24) \times 3.5 \times 5.24 = 89.1 kN$

④轴每层横墙 $(5.7 - 0.24) \times 3.5 \times 5.24 = 100.1 kN$

⑥轴每层横墙 $89.1 + 100.1 = 189.2 kN$

Ⓐ、Ⓓ轴每层纵墙

$[(16.5 + 0.12) \times 3.5 - (5.5 \times 1.8 \times 2.0)] \times 5.24 + 5.5 \times 1.8 \times 2.0 \times 0.45 = 209.9 kN$

Ⓑ、Ⓒ轴每层纵墙

$[(15.0 + 0.24) \times 3.5 - (3 \times 1.0 \times 2.4)] \times 5.24 + 3 \times 1.0 \times 2.4 \times 0.45 = 245.0 kN$

1 层

①轴横墙 $(12.9 - 0.37) \times 4.4 \times 5.24 = 288.9 kN$

③、⑤轴横墙 $(5.1 - 0.37) \times 4.4 \times 5.24 = 109.1 kN$

④轴横墙 $(5.7 - 0.37) \times 4.4 \times 5.24 = 122.9 kN$

⑥轴横墙 $109.1 + 122.9 = 232.0 kN$

Ⓐ、Ⓓ轴纵墙

$[(16.5 + 0.12) \times 4.4 - (5.5 \times 1.8 \times 2.0)] \times 7.71 + 5.5 \times 1.8 \times 2.0 \times 0.45 = 420.1 kN$

Ⓑ、Ⓒ轴纵墙

$[(15.0 + 0.24) \times 4.4 - (3 \times 1.0 \times 2.4)] \times 7.71 + 3 \times 1.0 \times 2.4 \times 0.45 = 464.7 kN$

（4）集中于各质点的重力荷载代表值（图 6-4）

按式（6-1）计算集中于各质点的重力荷载代表值，

$$G_5 = 1056.8 + \frac{1}{2} \times (232.2 + 2 \times 89.1 + 100.1 + 189.2 + 2 \times 209.9 + 2 \times 245.0)$$

$$= 1056.8 + \frac{1}{2} \times 1610.1 = 1861.9 \text{kN}$$

$$G_4 = G_3 = G_2 = 1008.8 + 1610.1 = 2618.9 \text{kN}$$

$$G_1 = 1008.8 + \frac{1}{2} \times 1610.1 + \frac{1}{2}$$

$$\times (288.9 + 2 \times 109.1 + 122.9 + 232.0 + 2 \times 420.1 + 2 \times 464.7)$$

$$= 1008.8 + \frac{1610.1}{2} + \frac{2631.6}{2} = 3129.65 \text{kN}$$

由式（6-2），总重力荷载代表值为：

$$G_E = \sum_{i=1}^{5} G_i = 3129.65 + 3 \times 2618.9 + 1861.9$$

$$= 12848.2 \text{kN}$$

由式（6-3b），结构等效总重力荷载为：

$$G_{eq} = 0.85 \times 12848.2 = 10921.0 \text{kN}$$

3. 各层的水平地震剪力

按式（6-4），结构总水平地震作用标准值为：

$$F_{Ek} = 0.08 \times 10921.0 = 873.7 \text{kN}$$

各层的水平地震作用标准值和地震剪力的计算结果，列于表 6-23（图 6-5）。

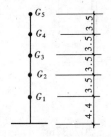

图 6-4　各层重力荷载

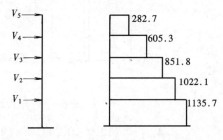

图 6-5　各层地震剪力设计值

各　层　的　地　震　剪　力　　　　　　　　　　　　　　表 6-23

层次	G_i (kN)	H_i (m)	$G_i H_i$	$\dfrac{G_i H_i}{\Sigma G_j H_j}$	$F_i = \dfrac{G_i H_i}{\Sigma G_j H_j} F_{Ek}$ (kN)	$V_i = \Sigma F_i$ (kN)	$1.3 V_i$[①] (kN)
5	1861.9	18.4	34258.96	0.249	217.5	217.5	282.7
4	2618.9	14.9	39021.61	0.284	248.1	465.6	605.3
3	2618.9	11.4	29855.46	0.217	189.6	655.2	851.8
2	2618.9	7.9	20689.31	0.150	131.0	786.2	1022.1
1	3129.7	4.4	13770.46	0.100	87.4	873.6	1135.7
合计			137595.8				

①水平地震作用分项系数 $\gamma_{Eh} = 1.3$。

4. 墙体截面抗震承载力验算

在对墙体截面作抗震承载力分析时，通常只选择最不利墙段进行验算。在房屋中何墙段为最不利，一方面是承受竖向压应力较小的墙段以及承受重力荷载面积较大的墙段，另一方面又是作用较大剪力而墙体受剪面积较小或砌体抗剪强度较低的墙段。本例中选择第5层、第2层和第1层的④轴横墙和Ⓐ轴纵墙进行验算。

(1) 第5层④轴横墙截面抗震承载力验算

第5层④轴横墙净面积

$$A_{54} = (5.7 - 0.24) \times 0.24 = 1.31 \text{m}^2$$

第5层横墙总净面积

$$A_5 = [(12.9 - 0.24) + 3 \times (5.1 - 0.24) + 2 \times (5.7 - 0.24)] \times 0.24$$
$$= 9.16 \text{m}^2$$

第5层④轴横墙分担的重力荷载面积（图6-6）

$$A_{G,54} = (3 + 4.5) \times (5.7 + 1.05 - 0.12) = 49.73 \text{m}^2$$

第5层横墙总重力荷载面积

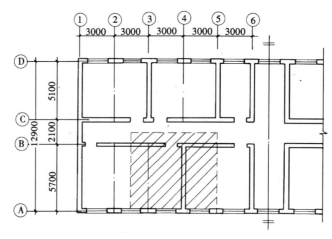

图 6-6 ④轴横墙的重力荷载面积

$$A_{G,5} = (12.9 - 0.24) \times (9 + 6 + 1.5 - 0.12) = 207.37 \text{m}^2$$

由式（6-10b），第5层④轴横墙承受的楼层地震剪力设计值为：

$$V_{54} = \frac{1}{2} \left(\frac{A_{54}}{A_5} + \frac{A_{G,54}}{A_{G,5}} \right) V_5$$

$$= \frac{1}{2} \left(\frac{1.31}{9.16} + \frac{49.73}{207.37} \right) \times 282.7 = 54.1 \text{kN}$$

对应于重力荷载代表值的第5层横墙截面的平均压应力为：

$$\sigma_{0,54} = \frac{1056.8 \times 10^3}{9.16 \times 10^6} + \frac{\frac{1}{2} \times 100.1 \times 10^3}{1.31 \times 10^6}$$

$$= 0.115 + 0.038 = 0.153 \text{MPa}$$

由表2-8，$f_{v0} = 0.11 \text{MPa}$

$\sigma_{0,54}/f_{v0} = 0.153/0.11 = 1.39$，查表6-7得 $\xi_N = 1.05$

由式（6-11），$f_{VE} = 1.05 \times 0.11 = 0.115 \text{MPa}$

154

按式（6-12），$\dfrac{1}{\gamma_{RE}} f_{VE} A = \dfrac{1}{1.0} \times 0.115 \times 1.31 \times 10^3 = 150.6\text{kN} > 54.1\text{kN}$，安全。

（2）第 1 层④轴横墙截面抗震承载力验算

第 1 层④轴横墙净面积

$$A_{14} = (5.7 - 0.37) \times 0.24 = 1.28\text{m}^2$$

第 1 层横墙总净面积

$$A_1 = [(12.9 - 0.37) + 3 \times (5.1 - 0.37) + 2 \times (5.7 - 0.37)] \times 0.24 = 8.97\text{m}^2$$

第 1 层④轴横墙分担的重力荷载面积

$$A_{G,14} = (3 + 4.5) \times (5.7 + 1.05 - 0.185) = 49.28\text{m}^2$$

第 1 层横墙总重力荷载面积

$$A_{G,1} = (12.9 - 0.37) \times (9 + 6 + 1.5 - 0.12) = 205.2\text{m}^2$$

由式（6-10b），第 1 层④轴横墙承受的楼层地震剪力设计值为：

$$V_{14} = \frac{1}{2}\left(\frac{A_{14}}{A_1} + \frac{A_{G,14}}{A_{G,1}}\right) V_1$$

$$= \frac{1}{2}\left(\frac{1.28}{8.97} + \frac{49.28}{205.2}\right) \times 1135.7 = 217.4\text{kN}$$

④轴 1m 长横墙上的重力荷载代表值为：

$$[(4.79 + 0.5 \times 0.35) + 4 \times (3.74 + 0.5 \times 2.0)] \times 7.5 + (4 \times 5.24 \times 3.5 + \frac{1}{2} \times 5.24 \times 4.4)$$

$$= 179.4 + 73.4 + 11.5 = 264.3\text{kN}$$

对应于重力荷载代表值的砌体截面的平均压应力为：

$$\sigma_{0,14} = \frac{264.3 \times 10^3}{0.24 \times 1 \times 10^6} = 1.10\text{MPa}$$

由表 2-8，$f_{V0} = 0.11\text{MPa}$

$\sigma_{0,14}/f_{V0} = 1.10/0.11 = 10.0$，查表 6-7 得 $\xi_N = 1.95$

由式（6-11），$f_{VE} = 1.95 \times 0.11 = 0.214\text{MPa}$

按式（6-12），$\dfrac{1}{\gamma_{RE}} f_{VE} A = \dfrac{1}{1.0} \times 0.214 \times 1.28 \times 10^3 = 273.9\text{kN} > 217.4\text{kN}$

（对于第 2 层④轴横墙，可不作验算。）

（3）第 5 层Ⓐ轴纵墙截面抗震承载力验算

对于纵墙的地震剪力，可按墙体净截面面积的比例分配。

第 5 层④轴纵墙的净面积

$$A_{5A} = [(16.5 + 0.12) - (5.5 \times 1.8)] \times 0.24 = 1.61\text{m}^2$$

第 5 层纵墙总净面积

$$A_5 = 2 \times 1.61 + 2 \times 2[(15.0 + 0.24) - (3 \times 1.0)] \times 0.24$$

$$= 9.095\text{m}^2$$

第 5 层Ⓐ轴纵墙承受的楼层地震剪力设计值为：

$$V_{5A} = \frac{A_{5A}}{A_5} V_5 = \frac{1.61}{9.095} \times 282.7 = 50.0\text{kN}$$

对应于重力荷载代表值的第 5 层纵墙截面的平均压应力为：

$$\sigma_{0,5A} = \frac{1056.8 \times 10^3}{9.095 \times 10^6} + \frac{\frac{1}{2} \times 209.9 \times 10^3}{1.61 \times 10^6}$$

$$= 0.116 + 0.065 = 0.181\text{MPa}$$

$\sigma_{0,5A}/f_{v0} = 0.181/0.11 = 1.64$，查表 6-7 得 $\zeta_N = 1.09$

由式（6-11），$f_{VE} = 1.09 \times 0.11 = 0.12\text{MPa}$

按式（6-12），$\frac{1}{\gamma_{RE}} f_{VE} A = \frac{1}{1.0} \times 0.12 \times 1.61 \times 10^3 = 193.2\text{kN} > 50.0\text{kN}$，安全。

（4）第 2 层Ⓐ轴纵墙截面抗震承载力验算

由上述计算知 $A_{2A} = 1.61\text{m}^2$，$A_2 = 9.095\text{m}^2$

第 2 层Ⓐ轴纵墙承受的楼层地震剪力设计值为：

$$V_{2A} = \frac{A_{2A}}{A_2} V_2 = \frac{1.61}{9.095} \times 1022.1 = 180.9\text{kN}$$

Ⓐ轴纵墙上的重力荷载代表值为：

$$[(4.79 + 0.5 \times 0.35) + 3 \times (3.74 + 0.5 \times 2.0)] \times \frac{5.7}{2} \times 16.5 + 3.5 \times 209.9$$

$$= 902.2 + 734.65 = 1636.9\text{kN}$$

对应于重力荷载代表值的第 2 层Ⓐ轴纵墙截面的平均压应力为

$$\sigma_{0,2A} = \frac{1636.9 \times 10^3}{1.61 \times 10^6} = 1.02\text{MPa}$$

$\sigma_{0,2A}/f_{v0} = 1.02/0.11 = 9.27$，查表 6-7 得 $\zeta_N = 1.89$

$f_{VE} = 1.89 \times 0.11 = 0.21\text{MPa}$

按式（6-12），$\frac{1}{\gamma_{RE}} f_{VE} A = \frac{1}{1.0} \times 0.21 \times 1.61 \times 10^3 = 338.1\text{kN} > 180.9\text{kN}$，安全。

（5）第 1 层Ⓐ轴纵墙截面抗震承载力验算

第 1 层Ⓐ轴纵墙的净面积

$$A_{1A} = [(16.5 + 0.12) - (5.5 \times 1.8)] \times 0.37 = 2.49\text{m}^2$$

第 1 层纵墙总净面积

$$A_1 = 2 \times 2.49 + 2 \times [(15.0 + 0.24) - (3 \times 1.0)] \times 0.37$$

$$= 14.04\text{m}^2$$

第 1 层Ⓐ轴纵墙承受的楼层地震剪力设计值为：

$$V_{1A} = \frac{A_{1A}}{A_1} V_1 = \frac{2.49}{14.04} \times 1135.7 = 201.4\text{kN}$$

Ⓐ轴纵墙上的重力荷载代表值为：

$$[(4.79 + 0.5 \times 0.35) + 4 \times (3.74 + 0.5 \times 2.0)] \times \frac{5.7}{2} \times 16.5 + 4 \times 209.9 + \frac{1}{2} \times 420.1$$

$$= 1125.1 + 839.6 + 210.1 = 2174.8\text{kN}$$

对应于重力荷载代表值的第 1 层Ⓐ轴纵墙截面的平均压应力为：

$$\sigma_{0,1A} = \frac{2174.8 \times 10^3}{2.49 \times 10^6} = 0.873\text{MPa}$$

$\sigma_{0,1A}/f_{V0} = 0.873/0.11 = 7.94$，查表 6-7 得 $\zeta_N = 1.78$

$$f_{VE} = 1.78 \times 0.11 = 0.196\text{MPa}$$

按式（6-12） $\dfrac{1}{\gamma_{RE}} f_{VE} A = \dfrac{1}{1.0} 0.196 \times 2.49 \times 10^3 = 488.0\text{kN} > 201.4\text{kN}$，安全。

思 考 题 与 习 题

6-1 抗震设防地区的多层砌体房屋，在结构布置上应注意哪些问题？

6-2 例 6-1 的办公楼，如何设置钢筋混凝土构造柱？

6-3 某住宅采用黏土砖墙承重，最小墙厚为 240mm，抗震设防烈度 7 度，按《建筑抗震设计规范》（GB 50011—2001）的要求，该住宅可否设计成 8 层、总高 24m？

6-4 某房屋中的横墙，采用黏土砖 MU10、水泥混和砂浆 M5 砌筑，施工质量控制等级为 B 级，墙体两端设有构造柱，墙体净截面面积为 1.91m²；承受水平地震剪力设计值为 350kN，对应于重力荷载代表值的墙体截面平均压应力为 0.74MPa。验算该墙体的截面抗震受剪承载力。

6-5 某房屋中的纵墙（自承重墙），采用混凝土小型砌块 MU7.5、水泥混合砂浆 M10 砌筑，施工质量控制等级为 B 级，芯柱填孔率 $\rho < 15\%$，墙体净截面面积为 4.5m²；承受水平地震剪力设计值为 590kN，对应于重力荷载代表值的墙体截面平均压应力为 0.24MPa。验算该墙体的截面抗震受剪承载力。

6-6 在砖砌体和钢筋混凝土构造柱组合墙体中，为了发挥构造柱的抗剪作用，对构造柱提出了哪些要求？

6-7 按习题［5-10］的资料（设题内所给截面内力为地震作用组合的内力），该墙肢抗震等级为四级。试核算该墙肢的斜截面抗震受剪承载力，若其承载力不符合要求，应如何解决？

参 考 文 献

1　施楚贤主编．普通高等教育土建学科专业"十五"规划教材．砌体结构．北京：中国建筑工业出版社，2003

2　施楚贤，徐建，刘桂秋．砌体结构设计与计算．北京：中国建筑工业出版社，2003

3　砌体结构设计规范（GB 50003—2001）．北京：中国建筑工业出版社，2002

4　砌体基本力学性能试验方法标准（GBJ 129—90）．北京：中国建筑工业出版社，1991

5　砌体工程施工质量验收规范（GB 50203—2001）．北京：中国建筑工业出版社，2002

6　建筑抗震设计规范（GB 50011—2001）．北京：中国建筑工业出版社，2001

7　苑振芳主编．砌体结构设计手册（第三版）．北京：中国建筑工业出版社，2002

8　龚恩礼主编．建筑抗震设计手册（第二版）．北京：中国建筑工业出版社，2002